北京课工场教育科技有限公司 出品

新技术技能人才培养系列教程
Web 全栈工程师系列

网页设计与开发

肖睿 张荣竣 / 主编

赵欣 王春玲 祁杰 / 副主编

U0213068

人民邮电出版社
北 京

图书在版编目（CIP）数据

网页设计与开发 / 肖睿，张荣竣主编. -- 北京：
人民邮电出版社，2018.10（2024.4重印）
新技术技能人才培养系列教程
ISBN 978-7-115-49101-5

Ⅰ. ①网… Ⅱ. ①肖… ②张… Ⅲ. ①网页制作工具
—教材 Ⅳ. ①TP393.092.2

中国版本图书馆CIP数据核字(2018)第185413号

内 容 提 要

随着信息时代的到来，网络已完全融入人们的日常工作和生活，从安卓到苹果、从网页到 App、
从休闲到游戏，前端应用无处不在，而这些都离不开网络的承载者——网页。本书共 7 章，主要内
容包括初识 HTML，使用 CSS 美化网页，列表、表格及表单，盒子模型的应用，网页中无处不在的
浮动，CSS 定位，以及项目实战——制作 1 号店首页。

本书最大的特点就是以流行网站元素为项目实战、以任务为驱动，通过基本的 HTML 标签学习，
加之 CSS 美化技术来开发网站。读者在完成任务的过程中，由浅入深一步步掌握技能点，从而更好
地学以致用。本书还提供很多实用的经验分享，让读者在学会知识点的同时掌握更多的企业需求，
不断提升自己的项目开发经验。

为保证最优的学习效果，本书配套视频教程、案例素材下载、学习交流社区、讨论组等学习内
容，为读者带来全方位的学习体验。

◆ 主　编　肖 睿　张荣竣
　　副主编　赵 欣　王春玲　祁 杰
　　责任编辑　祝智敏
　　责任印制　马振武

◆ 人民邮电出版社出版发行　北京市丰台区成寿寺路 11 号
　　邮编　100164　电子邮件　315@ptpress.com.cn
　　网址　http://www.ptpress.com.cn
　　北京捷迅佳彩印刷有限公司印刷

◆ 开本：787×1092　1/16
　　印张：13　　　　　　　　2018 年 10 月第 1 版
　　字数：273 千字　　　　　2024 年 4 月北京第 7 次印刷

定价：39.80 元
读者服务热线：(010)81055256　印装质量热线：(010)81055316
反盗版热线：(010)81055315
广告经营许可证：京东市监广登字 20170147 号

Web 全栈工程师系列

编 委 会

序　言

丛书设计

随着"互联网+"上升到国家战略，互联网行业与国民经济的联系越来越紧密，几乎所有行业的快速发展都离不开互联网行业的推动。而随着软件技术的发展以及市场需求的变化，现代软件项目的开发越来越复杂，特别是受移动互联网影响，任何一个互联网项目中用到的技术，都涵盖了产品设计、UI 设计、前端、后端、数据库、移动客户端等各方面。而项目越大、参与的人越多，就代表着开发成本和沟通成本越高，为了降低成本，企业对于全栈工程师这样的复合型人才越来越青睐。目前，Web 全栈工程师已是重金难求。在这样的大环境下，根据企业人才的实际需求，课工场携手 BAT 一线资深全栈工程师一起设计开发了这套"Web 全栈工程师系列"教材，旨在为读者提供一站式实战型的全栈应用开发学习指导，帮助读者踏上由入门到企业实战的 Web 全栈开发之旅！

丛书特点

1．以企业需求为设计导向

满足企业对人才的技能需求是本丛书的核心设计原则，为此课工场全栈开发教研团队，通过对数百位 BAT 一线技术专家进行访谈、上千家企业人力资源情况进行调研、上万个企业招聘岗位进行需求分析，从而实现对技术的准确定位，达到课程与企业需求的强契合度。

2．以任务驱动为讲解方式

丛书中的知识点和技能点都以任务驱动的方式讲解，使读者在学习知识时不仅可以知其然，而且可以知其所以然，帮助读者融会贯通、举一反三。

3．以边学边练为训练思路

本丛书提出了边学边练的训练思路：在有限的时间内，读者能合理地将知识点和练习融合，在边学边练的过程中，对每一个知识点做到深刻理解，并能灵活运用，固化知识。

4．以"互联网+"实现终身学习

本丛书可配合使用课工场 App 进行二维码扫描，观看配套视频的理论讲解、PDF 文档，以及项目案例的炫酷效果展示。同时课工场在线开辟教材配套版块，提供案例代码及作业素材下载。此外，课工场也为读者提供了体系化的学习路径、丰富的在线学习资源以及活跃的学习交流社区，欢迎广大读者进入学习。

读者对象

1. 大中专院校学生
2. 编程爱好者
3. 初级程序开发人员
4. 相关培训机构的老师和学员

致谢

本丛书由课工场全栈开发教研团队编写。课工场是北京大学优秀校办企业，作为国内互联网人才教育生态系统的构建者，课工场依托北京大学优质的教育资源，重构职业教育生态体系，以学员为本，以企业为基，构建"教学大咖、技术大咖、行业大咖"三咖一体的教学矩阵，为学员提供高端、实用的学习内容！

读者服务

读者在学习过程中如遇疑难问题，可以访问课工场在线，也可以发送邮件到ke@kgc.cn，我们的客服专员将竭诚为您服务。

感谢您阅读本丛书，希望本丛书能成为您踏上全栈开发之旅的好伙伴！

"Web 全栈工程师系列"丛书编委会

前　言

随着网络技术的飞速发展,"互联网+"时代已经悄然到来,从 Android 到 iOS,从 PC 端到移动端,从休闲到游戏,都离不开网页开发。一个好的网站设计,能够使浏览者快速找到需要的网页内容。因此,如何吸引浏览者眼球,提高用户体验,自然成为网站设计与开发的关键。

本书介绍网页开发的一些必备知识,主要内容分为三个部分,共七章,具体安排如下。

第一部分(第 1~3 章):介绍使用 HTML 编辑网页的方法,讲解常用的 HTML 标签,通过学习读者能使用不同的标签合理地搭建网页结构;介绍使用 CSS 语法及属性美化网页中的文本、图片、超链接、列表等元素的方法,制作精美新颖的网页;介绍使用列表、表格及表单制作复杂但结构清晰的网页的方法。

第二部分(第 4~6 章):介绍盒子模型、浮动及定位等知识,全方位地讲解每个知识的应用场景、使用方法及注意事项等,以助零基础的读者独立完成一个布局合理、样式美观的前端页面。

第三部分(第 7 章):对前面章节内容进行复习回顾,以 1 号店网站为基础完成一个综合项目案例,从网站的开发流程到页面的制作步骤,一步步由浅入深地带领读者体验开发网站的过程,积累网站设计和开发的经验。

本书采用边学边练的方式,在学习过程中逐步完成多个商业站点中具有代表性的页面制作,最后在项目实战中综合运用所学技能完成 1 号店网站的页面制作。

本书重点培养读者编写 HTML 标签和 CSS 样式的能力,这些都是以后工作中必备的重要技能。唯一的学习技巧就是多写代码、多练习。只有做到多练、多学、多记,才能熟练应用 HTML 标签和 CSS 样式中的属性,最终自行布局、制作出复杂的商业门户网站页面。此外,本书还提供了很多企业中的实用经验,能够让读者在学会知识点的同时掌握更多的企业需求,不断提升自己的项目经验。

学习方法

初学一门新技术或新课程,要养成好的学习习惯、掌握正确的学习方法,然后持之以恒,才能学有所成。以下推荐一些学习方法。

课前:

➢ 浏览预习作业,带着问题看书,并记录疑问;

➢ 即使看不懂也要坚持看完;

➢ 提前自己动手做一遍下一章的示例,记下问题。

课上：

➤ 认真听讲，做好笔记；

➤ 完成上机练习或项目案例。

课后：

➤ 及时总结，完成每章的作业；

➤ 多模仿，多练习；

➤ 多浏览技术论坛、博客，获取他人的开发经验。

　　本书给读者提供了便捷的学习体验，通过扫描下方二维码可以下载书中所有的上机练习素材及作业素材。为了方便读者验证作业答案，提升专业技能，扫描章后二维码可以获取本章作业答案。

　　本书由课工场全栈开发教研团队组织编写，参与编写的还有张荣竣、赵欣、王春玲、祁杰、邵全义、陈康等院校老师。尽管编者在写作过程中力求准确、完善，但书中不妥或错误之处仍在所难免，诚挚希望广大读者批评指正！

关于引用作品的版权声明

智慧教材使用方法

由课工场"大数据、云计算、全栈开发、互联网 UI 设计、互联网营销"等教研团队编写的系列教材，配合课工场 App 及在线平台的技术内容更新快、教学内容丰富、教学服务反馈及时等特点，结合二维码、在线社区、教材平台等多种信息化资源获取方式，形成独特的"互联网+"形态——智慧教材。

智慧教材为读者提供专业的学习路径规划和引导，读者还可体验在线视频学习指导，按如下步骤操作可以获取案例代码、作业素材及答案、项目源码、技术文档等教材配套资源。

1. 下载并安装课工场 App。

（1）方式一：访问网址 www.ekgc.cn/app，根据手机系统选择对应课工场 App 安装，如图 1 所示。

图1　课工场APP

（2）方式二：在手机应用商店中搜索"课工场"，下载并安装对应 App，如图 2、图 3 所示。

2. 登录课工场 App，注册个人账号，使用课工场 App 扫描书中二维码，获取教材配套资源，依照如图 4 至图 6 所示的步骤操作即可。

图2　iPhone版手机应用下载

图3　Android版手机应用下载

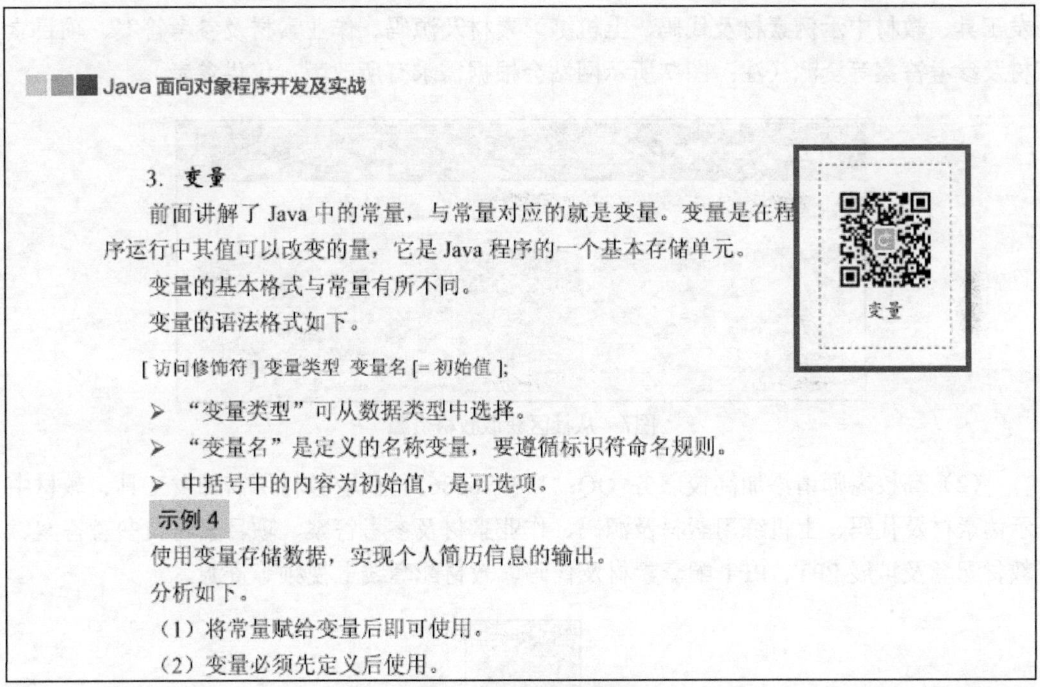

3．变量

前面讲解了 Java 中的常量，与常量对应的就是变量。变量是在程序运行中其值可以改变的量，它是 Java 程序的一个基本存储单元。

变量的基本格式与常量有所不同。

变量的语法格式如下。

[访问修饰符] 变量类型　变量名 [= 初始值]；

变量

➤ "变量类型" 可从数据类型中选择。

➤ "变量名" 是定义的名称变量，要遵循标识符命名规则。

➤ 中括号中的内容为初始值，是可选项。

示例 4

使用变量存储数据，实现个人简历信息的输出。

分析如下。

（1）将常量赋给变量后即可使用。

（2）变量必须先定义后使用。

图4　定位教材二维码

图5 使用课工场App"扫一扫"扫描二维码   图6 使用课工场App免费观看教材配套视频

3．获取专属的定制化扩展资源。

（1）普通读者请访问 http://www.ekgc.cn/bbs 的"教材专区"版块，获取教材所需开发工具、教材中示例素材及代码、上机练习素材及源码、作业素材及参考答案、项目素材及参考答案等资源（注：图 7 所示网站会根据需求有所改版，仅供参考）。

图7 从社区获取教材资源

（2）高校老师请添加高校服务 QQ：1934786863，获取教材所需开发工具、教材中示例素材及代码、上机练习素材及源码、作业素材及参考答案、项目素材及参考答案、教材配套及扩展 PPT、PPT 配套素材及代码、教材配套线上视频等资源。

图8 高校服务QQ

目　录

第 1 章

初识 HTML

技能目标

❖ 了解 HTML 的基本结构
❖ 使用网页基本标签排版文本信息
❖ 使用图像标签实现图文并茂的页面
❖ 使用 <a> 标签创建超链接、锚链接及功能性链接

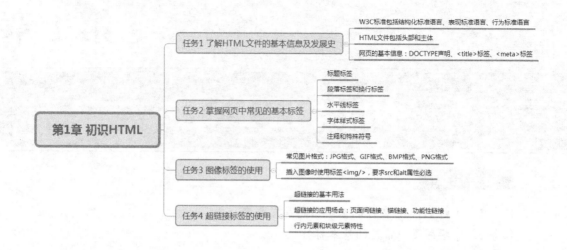

　　在网络如此发达的今天，人们的生活、学习和工作基本上都离不开网络。日常浏览的新闻页面、微博和微信等，无论是通过个人计算机（Personal Computer，PC）终端，还是通过移动客户端，基本上都是以 Web 为基础来呈现的，因此 Web 页面成为各种信息共享和发布的主要形式。而 HTML（Hyper Text Markup Language，超文本标记语言，也译为超文本标签语言）则是创建 Web 页面的基础。本书从 HTML 文件的基本结构开始介绍，讲解如何通过各种标签编写一个基本的 HTML 网页，然后介绍如何使用基本的 CSS 来美化网页，以一个循序渐进的讲解过程，帮助读者完成由"不会→会→熟练→精通网页制作"的蜕变。学习完本书后，读者将能够掌握网页制作的精髓，快速而熟练地制作网页。

　　本章的重点内容是 HTML 文件的基本结构和 W3C 标准，以及制作网页常用的基本标签。学好本章内容将为读者今后制作网页打下一个牢固的基础。

1. 简答题

（1）编写 HTML 文档时，为什么要遵守 W3C 标准？

（2）网页基本标签有哪些？它们的作用是什么？

（3）如何在网页中插入一张图片，当鼠标移至图片上如何出现图片说明文字？

（4）超链接的基本语法是什么？超链接有哪些分类？

2. 编码题

使用 HTML 编写个人简介页面，要求如下。

  ➤ 项目使用标题标签实现。

  ➤ 包括个人照片和简介（包括出生日期、求学经历等）。

  ➤ 姓名与简介之间使用水平线分隔。

任务 1　了解 HTML 文件的基本信息及发展史

在当今这个网络已完全融入人们日常生活的时代，从网络上获取信息或通过网络反馈信息，都离不开网页。图 1.1～图 1.3 分别展示了常规的电商页面、用户反馈调查页面和电子邮箱页面。在各式各样的页面中，无论是漂亮的、平庸的，还是文字的、图片的、视频的，都是以 HTML 文件为基础制作出来的。本任务将介绍 HTML 文件的基本结构，首先介绍一下什么是 HTML，以及它的发展史。

图1.1　电商页面　　　　图1.2　用户反馈调查页面　　　　图1.3　电子邮箱页面

1.1.1　HTML 简介及发展史

在学习 HTML 之前，读者往往会问，什么是 HTML？HTML 是用来描述网页的一种语言，而且是一种超文本标记语言，也就是说，HTML 不是一种编程语言，仅是一种标记语言（Markup Language）。

既然 HTML 是标记语言，那么 HTML 代码就是由一套标记标签（Markup Tag）组成的，在制作网页时，HTML 使用标记标签来描述网页。

在明白了什么是 HTML 之后，下面简单介绍一下 HTML 的发展历程，以及目前最新的 HTML 版本。

（1）超文本标记语言——1993 年 6 月，互联网工程任务小组工作草案发布（并非标准）。

（2）HTML2.0——1995 年 11 月作为 RFC 1866 发布，在 2000 年 6 月发布 RFC 2854 之后被宣布过时。

（3）HTML3.2——1996 年 1 月 14 日发布，W3C 推荐标准。

（4）HTML4.0——1997 年 12 月 18 日发布，W3C 推荐标准。

（5）HTML4.01（微小改进）——1999 年 12 月 24 日发布，W3C 推荐标准。2000

年 5 月 15 日发布基本严格的 HTML4.01 语法，并作为国际标准化组织和国际电工委员会的标准。

（6）XHTML1.0——2000 年 1 月 26 日发布，W3C 推荐标准。后来经过修订于 2002 年 8 月 1 日重新发布。

（7）XHTML1.1——2001 年 5 月 31 日发布。

（8）XHTML2.0——W3C 的工作草案，由于改动过大，导致学习这项新技术的成本过高而最终宣告失败。

（9）HTML5——目前最新的版本，于 2004 年提出；2007 年被 W3C 接纳并成立新的 HTML 工作团队；2008 年 1 月 22 日，HTML5 第一份正式草案公布；2012 年 12 月 17 日，HTML5 规范正式定稿；2013 年 5 月 6 日，HTML5.1 正式草案公布。

HTML 没有 1.0 版本是因为当时有很多不同的标准，第一个正式规范为了和各种不同的 HTML 标准区分开，直接使用 2.0 作为其版本号。

作为最新版本，HTML5 为下一代互联网提供了一些新的元素和一些有趣的新特性，同时也建立了一些新的规则。这些元素、特性和规则的建立，提供了许多新的网页功能，如提供免插件的音频、视频、图像动画和本地存储，以及更多重要的功能，并使这些功能标准化和开放化，从而使互联网也能够轻松实现类似桌面的应用体验。

HTML5 的最显著优势在于跨平台，用 HTML5 搭建的站点与应用可以兼容 PC 端与移动端、Windows 与 Linux、安卓与 iOS，可以轻易地移植到各种不同的开放平台、应用平台上，打破不同平台间各自为政的混乱局面。HTML5 强大的兼容性可以显著地降低开发与运营成本，可以让企业以及创业者获得更多的发展机遇。

此外，HTML5 的本地存储特性也给使用者带来了更多的便利。基于 HTML5 开发的轻应用比本地 APP 拥有更短的启动时间、更快的联网速度，而且无需下载，不占用存储时间，特别适合手机等移动媒体。HTML5 让开发者无需依赖第三方浏览器插件即可创建高级图形、版式、动画以及过渡效果，这也使用户仅需较少的流量就可以欣赏到专业的视觉、听觉效果。

1.1.2　W3C 简介

1. 为什么要使用 W3C 标准

如前面所述，发明 HTML 的初衷是实现信息资料的网络传播和共享，希望 HTML 文档具有平台无关性，即同一个 HTML 文档在不同的浏览器上看到的是同样的页面内容和效果。但遗憾的是，浏览器市场的激烈竞争，各大浏览器厂商为了吸引用户，都在早期 HTML 版本的基础上扩展各类标签，导致各浏览器之间互不兼容、HTML 编码规则混乱，违背了 HTML 发明的初衷，因此需要一个组织来制定和维护统一的国际化 Web 开发标准，确保多个浏览器之间能相互兼容、HTML 内容结构都是语义化的。在这样的背景下，万维网联盟（World Wide Web Consortium，W3C）诞生了，它是 Web 技术领域最权威和最具影响力的中立性国际技术标准机构。由 W3C 组织制定和维护的 Web 开发标准，也称为 W3C 标准。

开发网页的工作实际上位于中游，既不是上游的浏览器制造商，也不是下游浏览器的终端使用者，这个角色位于一个接口的位置，需要满足下游的用户在使用上游的不同浏览器时看到的网页效果相同。上面也提到由于各种问题导致浏览器间互不兼容，因此就要求中间的开发者遵循一个统一的规范、标准进行网页开发，才能满足用户的需求。

2．W3C 标准的构成

W3C 标准不是某一个标准，而是一系列标准的集合。一个网页主要由三部分组成，即结构（Structure）、表现（Presentation）和行为（Behavior）。

用一座房子来做比喻，房子首先需要用砖、泥、沙、钢筋等搭框架——"结构"；然后需要对这个框架进行装修，如刷墙漆、贴墙纸、安装灯等，总之要让房子变得更加漂亮，这就是房子的"表现"；给房子装电梯、门铃、感应门等则是房子的"行为"。

一个网页同样可以分为很多部分，包括各级标题、正文、图片、列表等，这些构成了一个网页的"结构"。每个组成部分的字体、颜色、间距等属性就构成了网页的"表现"。用户通过单击实现页面中某个元素移动、消失等动画交互则称为网页的"行为"。

简而言之，"结构""表现""行为"分别对应了三种非常常用的技术，即 HTML、CSS、JavaScript。其中，HTML 用来决定结构和内容，CSS 用来设定网页的表现样式，JavaScript 用来控制网页的行为。本书重点介绍 HTML 以及 CSS。

这三个组成部分被明确后，一个重要的思想随之产生，即将"结构""表现""行为"三者相分离，这样可以给页面开发带来很多优点，具体内容后面会一一讲解。

下面以一个简单的例子来简单说明。图 1.4 中显示的是一个页面的初始效果，即仅通过 HTML 定义页面的结构，这样看起来页面是非常单调的，仅仅是所有 HTML 元素依次排列而已。

在上面例子的基础上添加 CSS 样式后，它的表现就完全不同了，图 1.5 呈现了一种表现样式。借助 CSS 不仅可以在不改变 HTML 结构和内容的基础上设计出很多不同的表现样式，而且可以随时在不改变 HTML 结构的情况下修改样式。这就是"结构"与"表现"分离所带来的好处。

图1.4　仅使用HTML写"结构"的网页

图1.5　加了CSS样式后的效果

> ✓ **小结**
>
> W3C 标准包括结构化标准语言（HTML、XML）、表现标准语言（CSS）、行为标准语言（DOM、ECMAScript）。

通过前面的内容已经了解了 HTML 及其发展史，初步认识到网页开发要包括的三个基本步骤，并且这三个步骤都要依照 W3C 标准进行开发。接下来就先进入第一个步骤——网页"结构"搭建。不过在此之前先介绍一下网页开发的工具。

1.1.3　前端开发工具

在任何操作系统下均可进行 HTML 页面的开发，如 Windows、Linux、Mac OS X。开发 HTML 页面的工具更是举不胜举，最简单的记事本就是其中之一。一个得心应手的工具非常有利于提高开发效率，如十年之前就开始盛行的 Adobe Dreamweaver，以及 Adobe Edge、JetBrains Webstorm 等，都是非常流行的前端开发工具。读者可以依据自己的习惯选择开发工具，本书选择 JetBrains Webstorm 作为基本开发工具，

Webstorm
安装及使用

1.1.4　HTML 文件的基本结构

HTML 的基本结构分为两部分，如图 1.6 所示，包括头部（head）和主体（body）两部分，头部包括网页标题（title）等基本信息，主体包括网页的内容信息，如图片、文字等。

网页的各部分内容都放在对应的标签中，如网页以\<html>开始，以\</html>结束。

网页头部部分以\<head>开始，以\</head>结束。

网页主体部分以\<body>开始，以\</body>结束。

网页中的所有内容都放在\<body>和\</body>

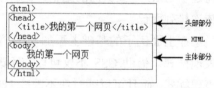
图1.6　HTML代码结构

之间。注意 HTML 标签都以"\< >"开始，以"\</ >"结束，成对出现，标签之间要有缩进，才能体现层次感，方便阅读和修改。

1.1.5　网页的基本信息

一个完整的网页除了基本结构外，还包括网页声明、\<meta>标签等其他基本信息，下面进行详细的介绍。

1．DOCTYPE 声明

HTML 代码的第一行\<!DOCTYPE html>是关于 DOCTYPE 文档类型的声明，用于约束 HTML 文档结构，检验是否符合相关 Web 标准，同时告诉浏览器，使用哪种规范来解释这个文档中的代码。DOCTYPE 声明必须位于 HTML 文档的第一行。

\<!DOCTYPE html>

2．<title>标签

<title>标签用于描述网页的标题，类似一篇文章的标题，一般为一个简洁的主题，能使读者有兴趣读下去。例如，搜狐网站的主页对应的网页标题如下。

<title>搜狐-中国最大的门户网站</title>

打开网页后，将在浏览器窗口的标题栏显示这个标题。

3．<meta>标签

<meta>标签用于描述网页的摘要信息，包括文档内容类型、字符编码信息、搜索关键字、网站提供的功能和服务的详细描述等。<meta>标签描述的内容并不显示，只是方便浏览器解析或利于搜索引擎搜索，它采用"名称/值"对的方式描述摘要信息。

（1）设置文档内容类型、字符编码信息，代码如下。

<meta charset="UTF-8" />

charset 属性表示字符集编码，常用的编码有以下几种。

➢ gb2312：简体中文，一般用于包含中文和英文的页面。

➢ ISO-885901：纯英文，一般用于只包含英文的页面。

➢ big5：繁体中文，一般用于带有繁体字的页面。

➢ UTF-8：国际通用的字符编码，同样适用于包含中文和英文的页面。和 gb2312 编码相比，UTF-8 的国际通用性更好。

在保存文件时编码方式一定要与 HTML 页面中<meta>标签中的编码方式保持一致，否则，将会出现乱码。

 注意

当遇到页面出现乱码时，可以先检查页面中是否有定义编码方式的语句，然后使用记事本打开该乱码文件，单击"另存为"按钮，在弹出的"另存为"对话框中修改编码方式，使其与页面中的编码方式一致即可。

（2）搜索关键字和内容描述信息，代码如下。

<meta name="keywords" content="淘宝网-淘！我喜欢" />

<meta name="description" content="淘宝网是亚洲第一大网络零售商圈，其目标是致力于创造全球首选网络零售商圈。" />

实现的方式仍然为"名称/值"对的形式，其中 keywords 表示搜索关键字，description 表示网站内容的具体描述。通过提供搜索关键字和内容描述信息，可以方便搜索引擎的搜索。

 注意

使用 WebStorm 工具自动生成的 HTML 基本结构中，<head>标签里有个属性 lang="en"，表示页面是英文的。用 Chrome 等浏览器打开时会提示是否需要翻译。

任务 2 掌握网页中常见的基本标签

通过前面学习的知识，我们认识了标签及基本的网页结构，可搭建一个网页结构还需要学习很多其他的标签。下面就来介绍网页中常用的基本标签，包括标题标签、段落标签、换行标签、水平线标签等。

1.2.1 标题标签

标题标签是通过<h1>～<h6>等标签进行定义的，表示一段文字的标题或主题，并且支持多层次的内容结构。例如，<h1>用作主标题（最重要的），其后是<h2>（次重要的），再其后是<h3>，以此类推。HTML 提供的六级标题<h1>～<h6>均被赋予了一定的外观，字体加粗，<h1>字号最大，<h6>字号最小。示例 1 描述了各级标题对应的 HTML 标签。

示例 1

```
<!DOCTYPE html>
<html>
<head lang="en">
    <meta charset="UTF-8">
    <title>不同等级的标题标签对比</title>
</head>
<body>
    <h1>一级标题</h1>
    <h2>二级标题</h2>
    <h3>三级标题</h3>
    <h4>四级标题</h4>
    <h5>五级标题</h5>
    <h6>六级标题</h6>
</body>
</html>
```

示例 1 在浏览器中的预览效果如图 1.7 所示。

图1.7　不同级别标题标签的输出结果

1.2.2 <p>标签和
标签

网页中的段落是通过<p>标签定义的。例如，希望描述《北京欢迎你》这首歌，包括歌名（标题）和歌词（段落），其对应的 HTML 代码如示例 2 所示。

示例 2

```
<!DOCTYPE html>
<html>
<head lang="en">
    <meta charset="UTF-8">
    <title>段落标签的应用</title>
```

```
</head>
<body>
    <h1>北京欢迎你</h1>
    <p>北京欢迎你，有梦想谁都了不起!</p>
    <p>有勇气就会有奇迹。</p>
</body>
</html>
```

示例 2 中使用<h1>标签来表示标题，使用<p>标签来表示段落，对应了上面介绍的 HTML 内容语义化。需要注意，本示例的一个段落只包含一行文字；实际上，一个段落中可以包含多行文字，文字内容将随浏览器窗口的大小自动换行。

示例 2 在浏览器中的预览效果如图 1.8 所示。

换行标签
表示强制换行显示，该标签比较特殊，没有结束标签，直接使用
表示标签的开始和结束。例如，希望《北京欢迎你》的歌词紧凑显示，每句之间换行，则对应的 HTML 代码如示例 3 所示。

说明

> 像换行标签
这样直接使用
表示标签的开始和结束的标签称为单标签。而成对出现的，如<html></html>这样有开始标签和结束标签的标签称为双标签。

示例 3

```
<!DOCTYPE html>
<html>
<head lang="en">
    <meta charset="UTF-8">
    <title>换行标签的应用</title>
</head>
<body>
    <h1>北京欢迎你</h1>
    <p>
            北京欢迎你，有梦想谁都了不起!<br/>
            有勇气就会有奇迹。 <br/>
            北京欢迎你，为你开天辟地<br/>
            流动中的魅力充满朝气。 <br/>
            北京欢迎你，在太阳下分享呼吸<br/>
            在黄土地刷新成绩。 <br/>
            北京欢迎你，像音乐感动你<br/>
            让我们都加油去超越自己。 <br/>
    </p>
</body>
</html>
```

示例 3 在浏览器中的预览效果如图 1.9 所示。

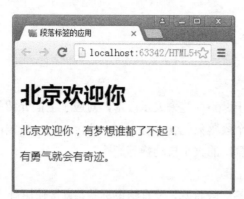

图1.8 段落标签的应用

图1.9 换行标签的应用

1.2.3 <hr>标签

水平线标签<hr/>表示在 HTML 页面中创建水平线，注意该标签与
标签一样，比较特殊，没有结束标签。为了让版面更加清晰直观，可以在歌名和歌词间加一条水平分隔线，对应的 HTML 代码如示例 4 所示。

示例 4

```
<!DOCTYPE html>
<html>
<head lang="en">
    <meta charset="UTF-8">
    <title>水平线标签的应用</title>
</head>
<body>
    <h1>北京欢迎你</h1>
    <hr/>
    <p>
        北京欢迎你，有梦想谁都了不起!<br/>
        有勇气就会有奇迹。<br/>
        北京欢迎你，为你开天辟地<br/>
        流动中的魅力充满朝气。<br/>
        北京欢迎你，在太阳下分享呼吸<br/>
        在黄土地刷新成绩。<br/>
        北京欢迎你，像音乐感动你<br/>
        让我们都加油去超越自己。<br/>
    </p>
</body>
</html>
```

图1.10 水平线标签的应用

示例 4 在浏览器中的预览效果如图 1.10 所示。

1.2.4 <strong>和<em>标签

在网页中，经常会使用加粗字体或斜体字，<strong>标签用来让字体变粗，<em>标签用来让文字倾斜。例如，在网页中介绍徐志摩，其中"徐志摩人物简介"几个字加粗显示，日期使用斜体，对应的 HTML 代码如示例 5 所示。

说明

<strong>标签不但能让字体加粗，还有一个更重要的"身份"，它是一个带有语义化特征的标签，具有强调、加强语气的作用。

示例 5

```html
<!DOCTYPE html>
<html>
<head lang="en">
    <meta charset="UTF-8">
    <title>字体样式标签</title>
</head>
<body>
    <strong>徐志摩人物简介</strong>
    <p>
        <em>1910</em>年入杭州学堂<br/>
        <em>1918</em>年赴美国克拉大学学习银行学<br/>
        <em>1921</em>年开始创作新诗<br/>
        <em>1922</em>年返国后在报刊上发表大
                量诗文<br/>
        <em>1927</em>年参加创办新月书店<br/>
        <em>1931</em>年由南京乘飞机到北平，
                飞机失事，因而遇难<br/>
    </p>
</body>
</html>
```

示例 5 在浏览器中的预览效果如图 1.11 所示。

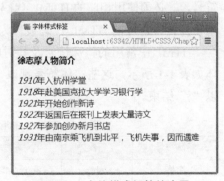

图1.11　字体样式标签的应用

1.2.5　注释和特殊符号

HTML 中的注释是为了方便阅读和调试代码，当浏览器遇到注释时会自动忽略注释内容。HTML 中注释的语法格式如下。

语法

```
<!-- 注释内容 -->
```

当页面的 HTML 结构较复杂或内容较多时，需要添加必要的注释以方便代码的阅读和维护。有时为了调试，还需要暂时注释掉一些不必要的 HTML 代码。例如，将示例 5 中的一些代码注释掉，如示例 6 所示。

示例 6

```
<!DOCTYPE html>
<html>
<head lang="en">
    <meta charset="UTF-8">
    <title>字体样式标签</title>
</head>
<body>
    <strong>徐志摩人物简介</strong>
    <p>
        <!--<em>1910</em>年入杭州学堂<br/>-->
        <em>1918</em>年赴美国克拉大学学习银行学<br/>
        <em>1921</em>年开始创作新诗<br/>
        <em>1922</em>年返国后在报刊上发表大量诗文<br/>
        <!--<em>1927</em>年参加创办新月书店<br/>
        <em>1931</em>年由南京乘飞机到北平，飞机失事，因而遇难<br/>-->
    </p>
</body>
</html>
```

示例 6 在浏览器中的预览效果如图 1.12 所示，被注释掉的内容在页面上不显示。

由于大于号（>）、小于号（<）已作为 HTML 的语法符号，因此，要想在页面中显示这些特殊符号，就必须使用相应的 HTML 代码来表示，这些特殊符号对应的 HTML 代码被称为字符实体。

HTML 中常用的特殊符号及其对应的字符实体如表 1-1 所示，这些实体符号都以"&"开头，以";"结束。

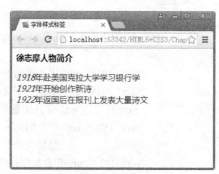

图1.12　注释的应用

表 1-1　HTML 中常用的特殊符号及其对应的字符实体

特殊符号	字符实体	示例
空格		\<a href="#">百度\</a> | \<a href="#">Google\</a>
大于号（>）	&gt;	如果时间>晚上 6 点，就坐车回家
小于号（<）	&lt;	如果时间<早上 7 点，就走路去上学
引号（"）	&quot;	W3C 规范中，HTML 的属性值必须用成对的"引起来
版权符号（©）	&copy;	© 10214630Apple 官方网站

现在利用表 1-1 中介绍的特殊符号制作 Apple 官方网站版权部分，代码如示例 7 所示。

示例 7

```
<!DOCTYPE html>
<html>
```

```
<head lang="en">
    <meta charset="UTF-8">
    <title>特殊符号的应用</title>
</head>
<body>
        Copyright&copy;2018 Apple Inc. 保留所有
                                    权利<br/>
        Apple 官方网站  京 ICP 备 10214630</body>
</html>
```

图1.13　特殊符号的应用

示例 7 在浏览器中的预览效果如图 1.13 所示。

1.2.6　上机训练

上机练习1——制作李清照的词《清平乐》

训练要点

➢ 使用 WebStorm 制作网页。

➢ 标签的嵌套使用。

➢ 使用标题标签、段落标签、水平线标签和换行标签编辑文本。

需求说明

使用前面学过的标签制作页面来展示
李清照的词《清平乐》，标题用<h2>标签，
正文用<p>标签，标题与正文之间的分隔
线使用<hr/>标签，正文结束后使用
标签换行，页面效果如图 1.14 所示。

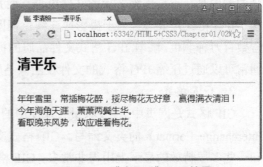

图1.14　《清平乐》页面效果

实现思路及关键代码

词的内容放在一对<p>…</p>标签中，
使用
标签换行来实现标签的嵌套。

上机练习2——制作李清照简介

需求说明

使用前面学过的标签制作李清照的简介页面，"人物简介"四个字用标题标签，人名
加粗显示，时间斜体显示，并制作页面版权部分，完成效果如图 1.15 所示。

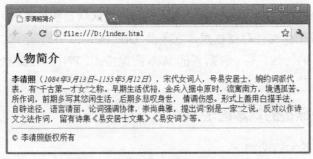

图1.15　李清照简介页面的完成效果

任务 3 图像标签的使用

在浏览网页时，随时都可以看到页面上的各种图像，图像是网页中不可缺少的一种元素，下面介绍常见的图像格式，以及如何在网页中使用图像。

1.3.1 网页中常用的图像格式

在日常应用中，使用比较多的图像格式主要有四种，即 JPG 格式、GIF 格式、BMP 格式、PNG 格式。在网页中使用比较多的是 JPG 格式、GIF 格式和 PNG 格式，大多数浏览器都可以显示这些格式的图像；PNG 格式比较新，部分浏览器不支持此格式。下面就来分别介绍这四种常用的图像格式。

1. JPG 格式

JPG（JPEG）格式是在因特网上被广泛支持的图像格式，它是联合图像专家组（Joint Photographic Experts Group）格式的英文缩写。JPG 格式采用的是有损压缩，会造成图像画面的失真，不过压缩之后的文件很小，而且比较清晰，所以比较适合在网页中应用。

JPG 格式是最适合用于摄影或连续色调图像的高级格式，这是因为 JPG 文件可以包含数百万种颜色。随着 JPG 格式文件品质的提高，文件的大小和下载时间也会随之增加。通常可以通过压缩 JPG 格式的文件在图像品质和文件大小之间取得良好的平衡。

2. GIF 格式

GIF 格式是网页中最广泛、最普遍使用的一种图像格式，它是图像交换格式（Graphics Interchange Format）的英文缩写。GIF 格式支持透明色，使 GIF 格式图像在网页的背景和一些多层特效的显示上用得非常多；GIF 格式还支持动画，这是它最突出的一个特点，因此 GIF 格式图像在网页中应用非常广泛。

3. BMP 格式

BMP 格式是在 Windows 操作系统中使用得比较多的一种图像格式，它是位图（Bitmap）的英文缩写。BMP 格式的图像文件与其他 Microsoft Windows 程序兼容，但它不支持文件压缩，也不适用于 Web 页。

4. PNG 格式

PNG 格式（Portable Network Graphic Format，流式网络图形格式）是 20 世纪 90 年代中期开发的一种图像文件存储格式，它兼具 GIF 格式和 JPG 格式的优势，同时具备 GIF 格式所不具备的特性，是一种新兴的 Web 图像格式。PNG 格式的名称来源于非官方的 "PNG's Not GIF"，读成 "ping"。

1.3.2 <img>标签的基本语法

<img>标签的基本语法如下。

<img src="图片地址" alt="图像的替代文字" title="鼠标悬停提示文字" width="图片宽度"

height="图片高度" />

其中，src 属性表示图片路径，分为绝对路径和相对路径。

➢ 绝对路径：指向目标地址的完整路径描述，一般指向本站点外的文件。例如，
  <img src=http://www.sohu.com/index.html/file/sohu.png>。

➢ 相对路径：相对于当前页面的路径，通常用于指向本站点内的文件，所以未必
  是一个完整的 URL 地址。例如，<img src="img/sohu.png"/>表示链接地址为当前
  页面所在路径的 img 目录下的 sohu.png 图片。假如当前页面所在的目录为
  D:\root，则链接地址对应的页面路径为 D:\root\img\sohu.png。

另外，使用相对路径时常用到两个特殊符号："../"表示当前目录的上级目录，"../../"
表示当前目录的上上级目录。

alt 属性指定图像的替代文本，表示图像无法显示时（如图片路径错误或网速太慢等）
用于替代图像显示的文本，这样，即使图像无法显示，用户还是可以看到网页丢失的信
息内容，如图 1.16 所示。所以，在制作网页时 alt 属性通常和 src 属性配合使用。

title 属性可以提供额外的提示或帮助信息，当鼠标移至图片上时显示提示信息，如
图 1.17 所示，方便用户使用。

图1.16　alt属性显示效果

图1.17　title属性显示效果

width 和 height 属性分别表示图片的宽度和高度，如果不设置，图片默认按原始大
小显示。图 1.17 对应的 HTML 代码如示例 8 所示，图片和文本使用<p>标签进行排版，
换行使用了
标签。

示例 8

```
<!DOCTYPE html>
<html>
<head lang="en">
    <meta charset="UTF-8">
    <title>图像标签的应用</title>
</head>
<body>
    <p>
        <img src="image/hetao.jpg" width="160" height="160" alt="无漂白薄皮核桃" title=
```

```
                    "无漂白薄皮核桃"/>
</p>
<p>
    楼兰蜜语 新疆野生<br/>
    无漂白薄皮核桃 500g×2 包<br/>
    ¥48.8
</p>
</body>
</html>
```

 注意

假如某个 HTML 文件包含 10 幅图像，为了正确显示这个页面，就需要加载 11 个文件。但加载图片是需要时间的，因此应慎用图片。

加载页面时，还要注意插入页面图像的路径，如果不能正确设置图像的路径，浏览器将无法加载图片，图像标签就会显示为一个破碎的图片。

经验

在实际的网站开发中，通常会把用到的图片统一存放在 image 或 images 文件夹中，本书示例用到的图片也按此规则存放。

 超链接标签的使用

我们在上网时，经常会通过超链接查看各个页面或不同的网站，因此超链接标签<a>在网页中的应用极为广泛。超链接标签常用来设置到其他页面的导航链接，下面介绍超链接标签的基本用法和应用场合。

1.4.1 <a>标签的基本语法

超链接标签包含两部分内容，一是<a>标签的 href 属性，即链接的目标，可以是某个网址或某个文件的路径；二是<a>标签的 target 属性，用来定义被链接的文档在何处显示。超链接标签的基本语法如下。

<a href="链接地址" target="目标窗口位置">链接文本或图像</a>

➢ href：链接地址的路径。

➢ target：指定链接在哪个窗口打开，常用的取值有_self（自身窗口）、_blank（新建窗口）。

超链接既可以是文本超链接，也可以是图像超链接。例如，示例 9 中的两个超链接分别表示文本超链接和图像超链接，单击这两个超链接均能够在一个新的窗口中打开detail.html 页面。

示例 9

```
<!DOCTYPE html>
<html>
<head lang="en">
    <meta charset="UTF-8">
    <title>图书列表页</title>
</head>
<body>
    <!--图像超链接-->
    <a href="detail.html" target="_blank">
        <img src="image/img1.png" alt="姑娘，欢迎降落在这残酷的世界"/></a>
    <p>
        <!--文本超链接-->
        <a href="detail.html" target="_blank">姑娘，欢迎降落在这残酷的世界</a>
    </p>
    <p>￥58</p>
</body>
</html>
```

在浏览器中打开页面，单击图像超链接可以打开图书详情页（detail.html 页面），单击文本超链接也可以打开图书详情页（detail.html 页面），显示效果如图 1.18 所示。

图1.18　打开超链接示意图

> **注意**
>
> 当超链接标签的 href 属性为 "#" 时，表示空链接，如<a href="#">首页</a>。

1.4.2　<a>标签的应用场景

我们在上网时，会发现不同的链接方式，有的链接到其他页面，有的链接到当前页面，还有的单击一个链接可以直接打开邮件。根据超链接的应用场合，可以分为三类。

> 页面间链接：A 页面到 B 页面，最常用，用于网站导航。
> 锚链接：A 页面甲位置到 A 页面乙位置或 A 页面甲位置到 B 页面乙位置。
> 功能性链接：在页面中调用其他应用程序，如电子邮件、QQ、MSN 等。

1. 页面间链接

页面间链接就是从一个页面链接到另一个页面。例如，示例 10 中有两个页面间链接，分别指向聚美优品购物平台的首页和商品列表页面，由于两个指向页面均在当前页面的下一级目录，因此设置的 href 路径只显示目录和文件。

示例 10

```
<!DOCTYPE html>
<html>
<head lang="en">
    <meta charset="UTF-8">
    <title>页面间链接</title>
</head>
<body>
    <p><a href="elearing/index.html" target="_blank">聚美优品购物平台</a></p>
    <p>
        <a href="elearing/courseList.html" target="_blank">聚美优品商品列表</a>
    </p>
</body>
</html>
```

在浏览器中打开页面，单击两个超链接，将分别在两个新的窗口中打开页面。

2. 锚链接

锚链接常用于目标页面内容很多，需定位到目标页面内容中的某个具体位置时。例如，网上常见的新手帮助页面，当单击某个超链接时，将跳转到对应帮助的内容介绍处，这种方式就是前面介绍的从 A 页面甲位置跳转到 A 页面乙位置，实现起来很简单，只需要两个步骤。

（1）在页面的乙位置设置标记，语法如下。

<a name="marker">目标位置乙</a>

name 属性用于规定锚的名称，marker 为标记名，功能类似于古时固定船的锚（或钩），故也称为锚名。

经验

上面介绍的是用 name 属性来做标记，但由于有的标签没有 name 属性，因此还可以使用 id 属性来做标记，其作用与 name 属性一样，但兼容性更好。

（2）设置甲位置的链接路径，即 href 属性值为"#标记名"，语法如下。

<a href="#marker">当前位置甲</a>

明白了如何实现页面的锚链接，下面来看一个例子——聚美优品网站的新手帮助页面。当单击"新用户注册帮助"链接时将跳转到页面下方"新用户注册"步骤说明的相关位置，如图 1.19 所示。

图1.19 同页面间的锚链接

上面的例子对应的 HTML 代码如示例 11 所示。

示例 11

```
<!--省略部分 HTML 代码-->
<p><img src="image/logo.jpg" width="305" height="104" alt="logo" />
[<a href="#register">新用户注册帮助</a>][<a href="#login">用户登录帮助</a>]</p>
<h1>新手指南 - 登录或注册</h1>
<!--省略部分 HTML 代码-->
<h2><a name="register">新用户注册</a></h2>
<!--省略部分 HTML 代码-->
<h2><a name="login">登录</a></h2>
<!--省略部分 HTML 代码-->
```

上面这个例子是同页面间的锚链接，如果是不同页面间的锚链接，即从 A 页面甲位置跳转到 B 页面乙位置，如单击"用户登录帮助"链接，将跳转到帮助页面中对应用户登录的帮助内容处，该如何实现呢？实际上其实现步骤与同页面间的锚链接一样，首先在 B 页面（帮助页面）对应位置设置锚标记，如<a name="login">登录</a>，然后在 A 页面设置锚链接，假设 B 页面（帮助页面）名称为 help.html，那么锚链接为<a href="help.html#login">用户登录帮助</a>，实现效果如图 1.20 所示。

3．功能性链接

功能性链接比较特殊，单击该链接时不是打开某个网页，而是启动本机自带的某个应用程序，如常见的电子邮件、QQ、MSN 等应用程序。下面以最常用的电子邮件链接为例，当单击"联系我们"链接时，将打开用户本机的电子邮件程序，并自动填写"收件人"文本框中的电子邮件地址。

图1.20　不同页面间的锚链接

电子邮件链接的用法是 mailto:电子邮件地址。上面的例子对应的完整 HTML 代码如示例 12 所示。

示例 12

```
<html>
<head>
    <meta charset = "UTF-8">
    <title>邮件链接</title>
</head>
<body>
    <p><img src="image/logo.jpg" width="305" height="104" alt="logo" />
    [<a href="mailto:bdqnWebmaster@bdqn.cn">联系我们</a>] </p>
</body>
</html>
```

在浏览器中打开页面，单击"联系我们"链接，将打开电子邮件撰写窗口，如图 1.21 所示。

图1.21　电子邮件链接

1.4.3 元素特性

通过前面的介绍，我们已经认识了 HTML5 的基本标签，除了知道标题标签<h1>～<h6>显示的字体是粗体、字号依次减小，<strong>标签用于加粗，<em>标签显示斜体等，是否还发现了这些基本标签的一些其他特性呢？

观察图 1.22 可以发现，如<p>标签、<h1>标签等元素不管自身内容有多少，都独占一行，这样的元素称为块级元素；而<strong>标签、<a>标签等元素的宽度则由自身的内容决定，其他元素排在它之后，这样的元素称为行内元素。

图1.22　块级元素和行内元素

✔️ **小结**

块级元素特性：无论内容多少，该元素都独占一行。

行内元素特性：内容撑开宽度，左右都是行内元素的可以排在一行。

后面还会学习到更多的块级元素和行内元素。

1.4.4 上机训练

上机练习3——制作京东读书新闻资讯页面

需求说明

使用图像标签、标题标签、水平线标签、斜体标签、加粗标签、段落标签等制作京东读书新闻资讯页面，主标题使用一级标题标签，副标题使用二级标题标签，二级标题与图片之间使用水平线分隔，完成的页面效果如图 1.23 所示。

图1.23　京东读书新闻资讯页面

上机练习 4——制作京东快速购物导航

训练要点

➢ 使用 WebStorm 制作网页。

➢ 超链接和锚链接的应用。

需求说明

使用本任务学习的标签制作京东快速购物导航页面，单击 F1～F4 链接，页面跳转到对应的版块，完成效果如图 1.24 所示。

图1.24　京东快速购物导航页面

实现思路及关键代码

（1）由于目前还没学习样式，考虑到美观性，页面的内容均以图片的方式提供。

（2）F1～F4 使用超链接标签实现，并把这些超链接放在<p>标签中，基本代码如下。

```
<p>
    <a href="#">F1</a>
    <!--其余超链接省略-->
</p>
```

（3）左边主要内容使用<img>标签实现。

（4）把以下代码放到<head>标签里。

```
<!--附加代码结束-->
<!--本段代码不需要大家掌握，只是为页面好看，后面大家会学习到，目前先不用管-->
<style>
        p{
            position: fixed;
            right: 5%;
            top: 50%;
            font-size: 40px;
        }
</style>
<!--附加代码结束-->
```

→ 本章作业

一、选择题

1. HTML 的基本结构是（　　）。

　　A．<html><body></body><head></head></html>

　　B．<html><head></head><body></body></html>

　　C．<html><head></head><foot></foot></html>

　　D．<html><head><tittle></title></head></html>

2. 以下关于 W3C 描述错误的是（　　）。

　　A．W3C 称为万维网联盟

　　B．成立于 1994 年，是中立性国际技术标准机构

　　C．W3C 标准包括结构化标准语言、表现标准语言、可视化标准三个部分

　　D．W3C 中文官方网站是 http://www.chinaw3c.org/

3. 下面（　　）标签可以实现文本加粗显示。

　　A．<h1>　　　　　　　　　　　　B．<strong>

　　C．<em>　　　　　　　　　　　　D．<a>

4. 在 HTML 中，显示图片和鼠标指针移至图片上显示提示文字分别用（　　）实现。

　　A．<img/>标签和 alt 属性

　　B．<img/>标签和 title 属性

　　C．<img/>属性和<alt>标签

　　D．<img/>属性和<title>标签

5. 块级元素分组正确的是（　　）。

　　A．<h1>、<p>、<strong>

　　B．<h1>、<h2>、<p>

　　C．<span>、<img>、<em>

　　D．<h2>、<img>、<strong>

二、简答题

1. 写出网页的基本标签、作用和语法。

2. 超链接有哪些类型？它们的区别是什么？

3. 制作聚美优品常见问题页面，页面标题和问题使用标题标签完成，问题答案使用段落标签完成，客服温馨提示部分与问题列表之间使用水平线分隔，完成效果如图 1.25 所示。

4. 制作聚美优品帮助中心菜单列表页面，菜单超链接均设置为空链接，菜单之间使用水平线分隔，完成效果如图 1.26 所示。提示：菜单项之间不能使用
元素换行，可根据块级元素和行内元素的特性来选择使用的标签。

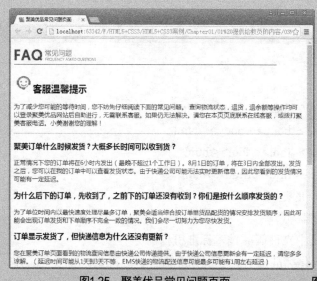

图1.25　聚美优品常见问题页面　　　　图1.26　聚美优品帮助中心菜单列表页面

5．制作滚筒洗衣机销售排行榜页面，左侧为图片，右侧为图片说明和价格，商品之间使用水平线分隔，完成效果如图 1.27 所示。提示：商品之间不能使用
元素换行，可根据块级元素和行内元素的特性来选择使用的标签。

6．制作家用电器排行榜页面，左侧为图片，右侧为图片说明和价格，要求标题使用标题标签，家电名称使用超链接标签，商品之间使用水平线分隔。完成效果如图 1.28 所示。

图1.27　滚筒洗衣机销售排行榜页面　　　　图1.28　家用电器排行榜页面

作业答案

第 2 章

使用 CSS 美化网页

技能目标

❖ 理解 CSS 样式在页面中的引入
❖ 能使用 CSS 选择器为网页元素添加 CSS 样式
❖ 掌握 CSS 的字体样式、文本样式及超链接样式

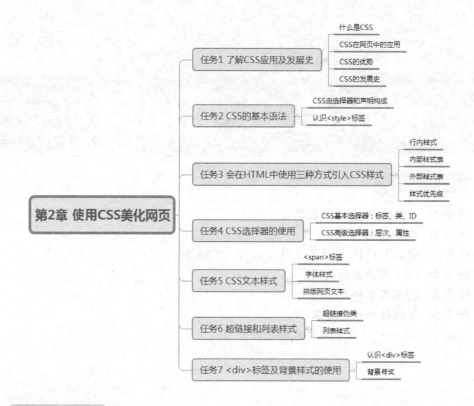

本章知识梳理

任务1 了解CSS应用及发展史
- 什么是CSS
- CSS在网页中的应用
- CSS的优势
- CSS的发展史

任务2 CSS的基本语法
- CSS由选择器和声明构成
- 认识<style>标签

任务3 会在HTML中使用三种方式引入CSS样式
- 行内样式
- 内部样式表
- 外部样式表
- 样式优先级

第2章 使用CSS美化网页

任务4 CSS选择器的使用
- CSS基本选择器：标签、类、ID
- CSS高级选择器：层次、属性

任务5 CSS文本样式
- <span>标签
- 字体样式
- 排版网页文本

任务6 超链接和列表样式
- 超链接伪类
- 列表样式

任务7 <div>标签及背景样式的使用
- 认识<div>标签
- 背景样式

本章简介

第 1 章已经讲到制作网页使用的是 W3C 标准，而使用 W3C 标准制作网页还有一个非常重要的作用，那就是网页内容和样式可以实现分离，其中 HTML 负责组织内容结构，CSS 负责表现样式。通过第 1 章的学习，我们已经学会了如何使用 HTML 标签组织内容结构。从本章开始将学习负责表现样式的 CSS 部分。

本章将介绍为什么使用 CSS、CSS 的发展历史、CSS 的基本语法、CSS 的选择器，以及如何在网页中应用 CSS 样式。重点是掌握 CSS 的基本语法，CSS 基本选择器、使用 CSS 样式设置文字效果、使用 CSS 样式设置超链接以及设置背景颜色。

通过本章的学习，我们可以对网页的文本、图片、列表、超链接设置各种各样的效果，使网页看起来美观大方、赏心悦目。

预习作业

1. 简答题

（1）CSS 基本选择器有哪几种？语法规则分别是什么？

（2）在 HTML 中引入 CSS 样式的几种方式是什么？

（3）为了在某段文本中突出某几个文字，通常使用什么标签编写？

（4）描述使用 font 属性设置字体类型、风格、大小、粗细样式的顺序。

2．编码题

在网上选取一个带有图片的新闻页面，模仿并制作图文混排的新闻页面，要求如下。

➤ 所有文本、图片均放在段落标签中。

➤ 标题的字体大小为 24px，字体颜色为蓝色。

➤ 新闻正文的字体大小为 12px，字体颜色为黑色。

➤ 使用外部样式表文件创建页面样式。

任务 1　了解 CSS 应用及发展史

在第 1 章已经学习了如何使用 HTML 语言搭建网页框架，从本章开始要学习 CSS。首先看如图 2.1 所示的推荐红钻特权页面，想一想，使用前面学习的 HTML 知识能实现这样的页面效果吗？当然不能。仅单纯地使用 HTML 标签不能实现这样精美的网页，还需要借助 CSS。

图2.1　推荐红钻特权页面

通过上面展示的页面，我们已经大致了解了 CSS 的作用，那么再来看图 2.2 和图 2.3 所示的两个页面，看看这两个页面有什么区别。

想必大家已经看出来了，图 2.2 非常杂乱，看不出页面想要表达的内容，这样的页面效果通过前面的学习完全可以实现。而图 2.3 非常清晰、美观，能够一眼看出页面的结构、内容模块，以及页面想要表达的内容。接下来的任务就是学习 CSS，然后就可以排版出这么漂亮的网页了。

到了这里，大家会问，既然 CSS 这么重要，那么什么是 CSS 呢？

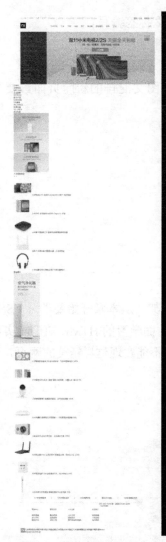

图2.2　没有使用CSS的页面　　　　　　　　图2.3　使用了CSS的页面

2.1.1　什么是 CSS

CSS 全称为层叠样式表（Cascading Style Sheet），又称为风格样式表（Style Sheet），它是用来进行网页风格设计的。例如，在上面的例子中，图 2.3 所示页面下面部分的图片和文本使用了 CSS 混排效果，非常漂亮，并且很清晰，这就是一种风格。

2.1.2　CSS 在网页中的应用

既然 CSS 可以设计网页风格，那么在网页中如何应用 CSS 呢？通过设置 CSS，可以统一地控制 HTML 中各标签的显示属性，如设置字体的颜色、大小、样式等，还可以设置文本居中显示、文本与图片的对齐方式、超链接的不同效果等，从而更有效地控制网页外观。

使用 CSS，还可以精确地定位网页元素的位置，美化网页的外观，如图 2.4 至图 2.6 所示。CSS 在网页布局中的应用在之后的章节中也会详细介绍。

图2.4　百度糯米首页

图2.5　腾讯红钻首页

图2.6　唯品会首页

2.1.3　CSS 的优势

以上给出了许多使用 CSS 制作的页面效果图,那么使用 CSS 制作网页还有什么好处呢?下面列举使用 CSS 的优势。

(1)内容与表现分离,也就是使用前面学习的 HTML 语言制作网页,使用 CSS 设置网页样式和风格,并且将 CSS 样式单独存放在一个文件中。这样,HTML 文件引用 CSS 文件就可以了,网页的内容(HTML)与表现分开,便于后期对 CSS 样式的维护。

(2)CSS 使网页的表现统一,并且容易修改。把 CSS 写在单独的文件中,可以对多个网页应用其样式,使网站中所有页面的表现和风格统一,并且修改页面的表现形式时,只需要修改 CSS 样式,所有的页面样式即可同时修改。

(3)丰富的样式使得页面布局更加灵活。

(4)减少网页的代码量,增加网页的浏览速度,节省网络带宽。在网页中只写 HTML 代码,在 CSS 样式表中只编写样式,这样可以减少页面代码量,并且使页面代码清晰。同时,一个合理的 CSS,还能有效地节省网络带宽,提高用户体验。

(5)运用独立于页面的 CSS,还有利于网页被搜索引擎收录。

其实使用 CSS 远不止这些优点,在以后的学习中,还会深入地了解 CSS 在网页中的优势。

2.1.4　CSS 的发展史

1993 年 6 月,HTML 草案一经发布就受到广泛的关注并迅速壮大,成为网页开发的热门语言。通过前面章节的学习知道,用 HTML 开发出来的页面非常单调,并且代码比较臃肿。1994 年,哈坤·利(Hakon Wium Lie)提出了 CSS 样式表的构想。1995 年,他再一次展开这个构想。W3C 对 CSS 的发展很感兴趣,为此专门组织了一次讨论。

1996 年 12 月推出了 CSS 规范的第一版,即 CSS1.0 版本。

1998 年 5 月 W3C 发布了 CSS 的第二版,即 CSS2.0 版本。CSS2.0 是基于 CSS1.0

设计的，其中包括了 CSS1.0 的所有功能，还融入了 DIV+CSS 的概念，提出了 HTML 结构与 CSS 样式表分离，以及其他的一些属性。

2004 年 W3C 升级了 CSS2.0 版本，变为 CSS2.1 版本，融入了很多高级的用法，如浮动、定位等属性。

2010 年 W3C 推出了 CSS3.0 版本，包括了 CSS2.1 的所有功能，是目前最新的版本，它向着模块化的方向发展，又增加了很多实用的新技术，如字体、多背景、圆角、阴影、动画等高级属性，但是它需要高级浏览器的支持。

由于现在 IE6、IE7 浏览器的使用比例已经很少，对市场进行调研也发现 CSS3 的使用大幅增加，学习 CSS3 已经成为一种趋势。CSS3 的优势主要体现在以下两个方面。

（1）减少开发成本与维护成本

在 CSS3 出现之前，开发人员为了实现一个圆角效果，往往需要添加额外的 HTML 标签，使用一个或多个图片才能完成，而使用 CSS3 只需要一个标签，利用 border-radius 属性就能完成。CSS3 把开发人员从绘图、切图和优化图片的工作中解放出来。如果需要调整这个圆角的弧度或者圆角的颜色，使用 CSS2.1，需要从头切图、绘图才能实现，而使用 CSS3 只需修改 border-radius 属性值就可以快速实现。

（2）提供页面性能

很多 CSS3 技术通过提供相同的视觉效果而成为图片的"替代品"，换句话说，在进行 Web 开发时，减少多余的标签嵌套以及图片的使用数量，意味着用户要下载的内容将会更少，页面加载也会更快。因此，在使用一些复杂的特效时需要考虑清楚，因为很多 CSS3 技术在任何情况下都能够大幅提高页面的性能。

由于 CSS3 是 CSS 技术的升级版本，因此在学习 CSS3 之前，需要先掌握 CSS 的相关知识，本章重点学习 CSS。

任务 2　CSS 的基本语法

学习 CSS，首先要学习它的语法，以及如何把它与 HTML 联系起来，达到布局网页、美化页面的效果。下面就来学习 CSS 的语法结构和如何在页面中应用 CSS 样式。

2.2.1　CSS 基本语法结构

CSS 和 HTML 一样，都是浏览器能够解析的计算机语言。因此，CSS 也有自己的语法规则和结构。

➤ CSS 规则由两部分构成，即选择器和声明。

➤ 声明必须放在一对大括号"{ }"中，可以是一条或多条。

➤ 每条声明由属性和值组成，属性和值之间用冒号分开，每条声明以英文分号结尾。

如图 2.7 所示，h1 表示选择器，"font-size: 12px;"和

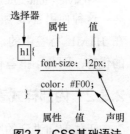

图2.7　CSS基础语法

"color:#F00;"表示两条声明，其中 font-size 和 color 表示属性，而 12px 和#F00 则是对应的属性值。font-size 属性表示字体大小，color 属性表示字体颜色。这两个属性在后面章节会详细讲解。

 注意

> 在 CSS 的最后一条声明中，用以标示结束的 ";" 可写可不写。但是，基于 W3C 标准规范考虑，建议最后一条声明的结束 ";" 也要写上。

2.2.2 认识<style>标签

学习了 CSS 基本语法结构，学会了如何定义 CSS 样式，那么，怎样将定义好的 CSS 样式应用到 HTML 中呢？

在 HTML 中使用<style>标签引入 CSS 样式。<style>标签用于为 HTML 文档定义样式信息。<style>标签位于<head>标签中，它规定了浏览器如何呈现 HTML 文档，如图 2.8 所示。

```
<head lang="en">
    <meta charset="UTF-8">
    <title>style标签</title>
    <style>
        h1{
            font-size: 12px;
            color: #F00;
        }
    </style>
</head>
```

图2.8 <style>标签的用法

任务 3 会在 HTML 中使用三种方式引入 CSS 样式

从图 2.8 中可以看到，所有的 CSS 样式都是通过<style>标签放在 HTML 页面的<head>标签中的，但是在实际制作网页时，这种方式并不是唯一的，还有其他两种方式。在 HTML 中引入 CSS 样式的方法有三种，分别是行内样式、内部样式表和外部样式表。下面学习这三种方式的优缺点和应用场景。

2.3.1 行内样式

行内样式就是直接把 CSS 代码添加到 HTML 标签中，即作为 HTML 标记的属性标签存在。通过这种方法，可以很简单地对某个元素单独定义样式。使用 style 属性是改变所有 HTML 元素样式的通用方法。style 属性的用法如下所示。

<h1 style="color:red;">style 属性的应用</h1>

<p style="font-size:14px; color:green;">直接在 HTML 标签中设置的样式</p>

这种使用 style 属性设置 CSS 样式的方式仅对当前的 HTML 标签起作用，并且是写在 HTML 标签中的，因此这种方式不能使内容与表现相分离，本质上没有体现出 CSS 的优势，因此不推荐使用。

2.3.2 内部样式表

正如前面讲到的所有示例一样，把 CSS 代码写在<head>的<style>标签中，与 HTML

内容位于同一个 HTML 文件中，这就是内部样式表。

这种方式便于在同页面中修改样式，但不利于在多页面间共享及维护复用代码，对内容与样式的分离也不够彻底。实际应用时，会在页面开发结束后，将这些样式代码保存到单独的 CSS 文件中，将样式和内容彻底分离开，即下面介绍的外部样式表。

2.3.3 外部样式表

外部样式表是把 CSS 代码保存为一个单独的样式表文件，文件扩展名为.css，在页面中只需引用外部样式表即可。HTML 文件引用外部样式表有两种方式，分别是链接式和导入式。

1. 链接外部样式表

链接外部样式表就是在 HTML 页面中使用<link/>标签链接外部样式表，<link/>标签要放到页面的<head>标签内，语法如下所示。

```
<head>
    ……
    <link href="style.css" rel="stylesheet" type="text/css" />
    ……
</head>
```

其中，rel="stylesheet"是指在页面中使用这个外部样式表，type="text/css"是指文件的类型是样式表文本，href="style.css"是指文件所在的位置。

外部样式表实现了样式和结构的彻底分离，一个外部样式表文件可以应用于多个页面。当改变这个外部样式表文件时，所有页面的样式都会随之改变。这在制作具有大量相同样式页面的网站时，非常有用，不仅减少了重复的工作量，利于保持网站的统一样式和网站维护，同时减少了用户浏览网页时的代码下载量，提高了网站的运行速度。

（1）把页面中的 CSS 代码单独保存在 CSS 文件夹下的 common.css 样式表文件中，文件代码如示例 1 所示。在 CSS 文件中不需要<style>标签，直接编写样式即可。

（2）在 HTML 文件中使用<link/>标签引用 common.css 样式表文件，代码如示例 1 所示。

示例 1

```
<!DOCTYPE html>
<html>
<head lang="en">
    <meta charset="UTF-8">
    <title>链接外部样式表</title>
    <link href="css/common.css" rel="stylesheet" type="text/css" />
</head>
<body>
    <h1>北京欢迎你</h1>
    <p >北京欢迎你，有梦想谁都了不起！</p>
    <p >有勇气就会有奇迹。</p>
    <p>北京欢迎你，为你开天辟地</p>
    <p>流动中的魅力充满朝气。</p>
```

```
        </body>
    </html>
```

common.css 文件的代码如下所示。

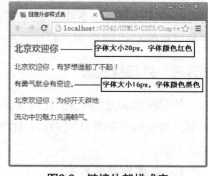

```
h1 {
    font-size: 20px;
    color: red;
}
p {
    font-size: 16px;
    color: black;
}
```

在浏览器中的预览效果如图 2.9 所示。

图2.9　链接外部样式表

2．导入外部样式表

导入外部样式表就是在 HTML 网页中使用@import 导入外部样式表。导入外部样式表的语句必须放在<style>标签中，而<style>标签必须放到页面的<head>标签内，语法如下所示。

```
<head>
    ……
    <style>
        <!--
        @import url("common.css");
        -->
    </style>
</head>
```

其中，@import 表示导入文件，前面必须有一个@符号，url("common.css")表示样式表文件的位置。将示例 1 改写为使用@import 导入文件，代码如示例 2 所示。

示例 2

```
<html>
    <head lang="en">
        <meta charset="UTF-8">
        <title>导入外部样式表 </title>
        <style>
            @import url("css/common.css");
        </style>
    </head>
    ……
</html>
```

示例 2 在浏览器中运行效果和图 2.9 一样。

3．链接式与导入式的区别

以上讲解了链接式与导入式两种引用外部样式表的方式，它们的本质都是将一个独立的 CSS 样式表引用到 HTML 页面中，但两者还是有一些差别的，下面看一下两者的不同之处。

（1）<link/>标签属于 XHTML 范畴，而@import 是 CSS2.1 中特有的。

（2）使用<link/>标签链接的 CSS 文件，客户端在浏览网页时先将外部 CSS 文件加载到网页中，再进行编译显示，所以显示出来的网页与用户预期的效果一样，即使网速再慢也是一样的效果。

（3）使用@import 导入的 CSS 文件，客户端在浏览网页时先将 HTML 结构呈现出来，再把外部 CSS 文件加载到网页中，当然最终的效果与使用<link/>标签链接的效果一样，只是在网速较慢时会先显示没有使用 CSS 统一布局的 HTML 网页，这样会给用户带来很不好的浏览体验。这也是目前大多数网站选择采用链接外部样式表的主要原因。

2.3.4　样式优先级

对于页面中的某个元素，CSS 允许同时应用多个样式（即样式叠加），最终样式即为多个样式的叠加效果。但这存在一个问题——当同时应用上述三类样式时，页面元素将同时继承这些样式，如果样式之间存在冲突，那么应该继承哪类样式呢？这就引出了样式优先级的问题。

示例 3

```
<!DOCTYPE html>
<html>
<head lang="en">
    <meta charset="UTF-8">
    <title>样式引入优先级问题</title>
    <!--外部样式-->
    <link rel="stylesheet" href="css/style.css"/>
    <!--内部样式-->
    <style>
        h1{color: green; }
    </style>
</head>
<body>
    <h1 style="color: red">北京欢迎你</h1>   <!--行内样式-->
    <p>北京欢迎你，有梦想谁都了不起！</p>
    <p>有勇气就会有奇迹。</p>
    <p>北京欢迎你，为你开天辟地</p>
    <p>流动中的魅力充满朝气。</p>
</body>
</html>
```

style.css 外部样式表的代码如下所示：

```
h1{color: blue;}
```

示例 3 分别用三种引入样式的方法对标题 h1 元素设置了样式，行内样式设置 h1 的字体颜色是红色，内部样式设置 h1 的字体颜色是绿色，外部样式设置 h1 的字体颜色是蓝色。那么 h1 最终会显示什么颜色呢？

答案是红色，也就是行内样式设置的颜色值。如果把行内样式删除，在浏览器中运行会发现 h1 是绿色的，也就是内部样式设置的颜色值。同理，如果只有外部样式，那当然就显示外部样式设置的颜色值。由此可以看出：行内样式>内部样式表>外部样式表。

如果把示例 3 的代码加以修改，换一下内部样式和外部样式的位置，如下所示：

```
……
<head lang="en">
    <meta charset="UTF-8">
    <title>样式引入优先级问题</title>
        <!--内部样式-->
    <style>
        h1{color: green; }
    </style>
    <!--外部样式-->
    <link rel="stylesheet" href="css/style.css"/>
</head>
<body>
    <h1>北京欢迎你</h1>
……
</body>
```

此时会发现显示的是蓝色，也就是外部样式设置的颜色值。这是因为外部样式离 h1 标签更近，它把内部样式的颜色值覆盖掉了。所以这里遵循的是"就近原则"。如果同一个选择器中的样式声明层叠，那么后写的样式会覆盖先写的样式，即后写的样式优先于先写的样式。关于样式优先级的问题，在后面讲解到具体应用时，会详细说明。

2.3.5 上机训练

上机练习 1——制作《望庐山瀑布》
需求说明

使用标题标签和段落标签制作《望庐山瀑布》页面，分别使用三种引入 CSS 样式的方式为诗句添加样式。设置标题字体大小为 20px，字体颜色为黑色，设置诗的正文的字体颜色为绿色，字体大小为 14px，完成效果如图 2.10 所示。

图2.10　《望庐山瀑布》页面效果图

任务 4　CSS 选择器的使用

选择器（selector）是 CSS 中一个非常重要的概念，所有 HTML 语言中的标签样式，都是通过不同的 CSS 选择器进行控制的。用户只需要通过选择器，就可以对不同的 HTML 标签进行选择，并赋予各种样式声明，实现各种效果。前面学过的选择器如 p、h2 等，有时候并不能完全准确地表达出我们要选择的元素，接下来还会介绍更多功能强大的选择器，可以帮助我们方便、准确、快速地选择元素进行样式操作。

2.4.1　CSS 基本选择器

在 CSS 中，有三种最基本的选择器，分别是标签选择器、类选择器和 ID 选择器，下面分别进行详细介绍。

1.　标签选择器

一个 HTML 页面由很多标签组成，如<h1>~<h6>、<p>、<img/>等，CSS 标签选择器就是用来声明这些标签的。每种 HTML 标签的名称都可以作为相应的标签选择器的名称。例如，h3 选择器用于声明页面中所有<h3>标签的样式风格。同样，p 选择器用于声明页面中所有<p>标签的样式风格。示例 4 声明了<h3>和<p>标签选择器。

示例 4

```
<html>
<head lang="en">
 <meta charset="UTF-8">
 <title>标签选择器的用法</title>
 <style type="text/css">
        h3{color:#090;}
        p{font-size:16px; color:red;}
 </style>
</head>
<body>
    <h3>北京欢迎你</h3>
    <p>北京欢迎你，有梦想谁都了不起！</p>
    <p>有勇气就会有奇迹。</p>
</body>
</html>
```

示例 4 中的 CSS 代码声明了 HTML 页面中所有的<h3>标签和<p>标签。<h3>标签中字体颜色为绿色；<p>标签中字体颜色为红色，大小都为 16px。每个 CSS 选择器都包含选择器本身、属性和值，其中，属性和值可以设置多个，从而实现对同一个标签声明多种样式风格，CSS 标签选择器的语法结构如图 2.11 所示。在浏览器中打开页面，效果如图 2.12 所示，从页面效果图中可以看到，标签选择器声明之后，立即对 HTML 中的标签产生了作用。

标签选择器是网页样式中经常用到的，通常用于直接设置页面中的标签样式。例如，页面中有<h1>、<h4>、<p>标签，如果相同的标签其内容的样式也一致，那么使用标签选择器就非常方便了。

图2.11 标签选择器

图2.12 标签选择器效果

2. 类选择器

可以看到，标签选择器一旦声明，页面中所有的该标签都会相应地发生变化。例如，当声明了<p>标签为红色时，页面中所有的<p>标签都将显示为红色。如果希望其中的某个<p>标签不是红色，而是绿色，仅依靠标签选择器是不够的，还需要引入类（class）选择器。

类选择器的名称可以由用户自定义，必须符合 CSS 规范，属性和值同标签选择器一样。类选择器的语法结构如图 2.13 所示。

设置了类选择器后，就可以在 HTML 标签中应用类样式。通常使用标签的 class 属性引用类样式，即<标签名 class="类名称">标签内容</标签名>。

图2.13 类选择器

例如，要使示例 4 中的两个<p>标签中的文本分别显示不同的颜色，就可以通过设置不同的类选择器来实现。代码如示例 5 所示，增加了 green 类样式，并在<p>标签中使用 class 属性应用了类样式。

示例 5

```
<html>
<head lang="en">
  <meta charset="UTF-8" />
  <title>类选择器的用法</title>
  <style type="text/css">
      h3{color:#090;}
      p{
          font-size:16px;
          color:red;
      }
      .grccn{
          font-size:20px;
          color:green;
      }
  </style>
</head>
<body>
```

```
    <h3>北京欢迎你</h3>
    <p>北京欢迎你，有梦想谁都了不起！</p>
    <p class="green">有勇气就会有奇迹。</p>
</body>
</html>
```

在浏览器中打开页面，效果如图 2.14 所示，由于第二个<p>标签应用了类样式 green，它的文本字体颜色变为绿色，并且字体大小为 20px；而第一个<p>标签没有应用类样式，因此直接使用标签选择器，字体颜色依然是红色，字体大小仍然为 16px。

类选择器是网页中最常用的一种选择器，设置了类选择器后，只要页面中某个标签需要相同的样式，直接使用 class 属性调用即可。类选择器在同一个页面中可以频繁地使用，应用起来非常方便。

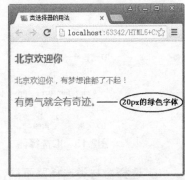

图2.14　类选择器效果

3. ID 选择器

ID 选择器的使用方法与类选择器基本相同，不同之处在于 ID 选择器只能在 HTML 页面中使用一次，因此它的针对性更强。在 HTML 的标签中，只要在 HTML 中设置了 id 属性，就可以直接调用 CSS 中的 ID 选择器。ID 选择器的语法结构如图 2.15 所示。

下面举一个例子看看 ID 选择器在网页中的应用。设置两个 id 属性，分别为 first 和 second，在样式表中设置两个 ID 选择器，代码如示例 6 所示。

示例 6

```
<html>
<head lang="en">
    <meta charset="UTF-8" />
    <title>ID 选择器的应用</title>
    <style type="text/css">
        #first{font-size:16px;}
        #second{font-size:24px;}
    </style>
</head>
<body>
<h1>北京欢迎你</h1>
    <p id="first">北京欢迎你，有梦想谁都了不起！</p>
    <p id="second">有勇气就会有奇迹。</p>
    <p>北京欢迎你，为你开天辟地</p>
    <p>流动中的魅力充满朝气。</p>
</body>
</html>
```

在浏览器中打开的页面效果如图 2.16 所示，由于第一个<p>标签设置了 id 为 first，它的字体大小为 16px；第二个<p>标签设置了 id 为 second，它的字体大小为 24px。由示例 6 可以看到，只要在 HTML 标签中设置了 id 属性，那么此标签就可以直接使用 CSS

中对应的 ID 选择器。

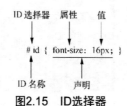

图2.15　ID选择器

图2.16　ID选择器的效果

ID 选择器与类选择器不同，同一个 id 属性在同一个页面中只能使用一次，尽管这样，它在网页中也是经常用到的。例如，在布局网页时，页头、页面主体、页尾，页面中的菜单、列表等通常使用 id 属性，这样看到 id 名称就可以知道此部分的内容，使页面代码具有非常高的可读性。

 注意

CSS 选择器命名及使用规范：

➢　使用小写英文字母；

➢　不要和 ID 选择器同名；

➢　使用具有语义化的单词命名；

➢　长名称或词组可以使用驼峰命名方式；

➢　ID 选择器在页面中只能使用一次，也就是说在同一个页面中同一个 id 属性只能设置一次；而类选择器可以在页面中多次使用。

4．三种基本选择器的优先级

前面已经学习了三种基本选择器，如果在同一个元素上分别使用了这三种选择器，最终会以哪种方式显示呢？

示例 7

```
<html>
<head lang="en">
    <meta charset="UTF-8">
    <title>三种基本选择器的优先级</title>
    <style type="text/css">
        p{font-size: 14px; color: red; }
        h1{color: blue;}
        .h1{color: pink; }
```

```
            #h1{color: green; }
        </style>
    </head>
    <body>
        <h1 class="h1" id="h1">北京欢迎你</h1>
        <p>北京欢迎你，有梦想谁都了不起！</p>
        <p>有勇气就会有奇迹。</p>
    </body>
    </html>
```

示例 7 对标题 h1 标签分别设置了三种样式，h1 标签选择器设置字体颜色为蓝色，.h1 类选择器设置字体颜色为粉色，#h1 ID 选择器设置字体颜色为绿色。大家觉得 h1 标题会显示为什么颜色呢？

h1 标题显示为绿色，如果把 id 选择器的样式注释掉，h1 标题显示为粉色，也就是类选择器声明的样式；如果把类选择器的样式也注释掉，那就显示为蓝色。

从上面的示例中可以发现它们的优先级依次为：ID 选择器＞class 类选择器＞标签选择器。

思考

问：标签选择器是否也遵循"就近原则"？

答：不遵循。可以尝试把标签选择器的样式声明放到 ID 选择器后面，会发现 h1 标题显示的颜色依然是绿色。

无论使用哪种方式引入 CSS 样式，一般都遵循 ID 选择器 > class 类选择器 > 标签选择器的优先级顺序。

2.4.2　CSS 高级选择器

选择器是 CSS 中一个非常重要的内容，前面讲解了 CSS 的基本选择器，接下来介绍 CSS 的高级选择器，它可以把元素和样式直接绑定起来，这样在样式表中什么样式与什么元素相匹配就变得一目了然，修改起来也很方便。

1. 层次选择器

层次选择器是通过 HTML 的文档对象模型（Document Object Model，DOM）元素间的层次来选择元素的，主要的层次关系包括后代、父子、相邻兄弟和通用兄弟几种关系，通过它们之间的关系可以快速选定需要的元素。层次选择器是一个非常好用的选择器，具体语法如表 2-1 所示。

表 2-1　层次选择器语法

选择器	类型	功能描述
E F	后代选择器	选择匹配的 F 元素，且匹配的 F 元素被包含在匹配的 E 元素内
E>F	子选择器	选择匹配的 F 元素，且匹配的 F 元素是匹配的 E 元素的子元素
E+F	相邻兄弟选择器	选择匹配的 F 元素，且匹配的 F 元素紧跟于匹配的 E 元素后面
E~F	通用兄弟选择器	选择位于匹配的 E 元素后的所有匹配的 F 元素

下面通过示例来演示各层次选择器在页面中选择 HTML 的 DOM 元素的方法，页面中有六个 p 元素，其中有三个包含在 li 元素中。下面通过层次选择器来改变 p 元素的样式风格。代码如示例 8 所示。

示例 8

```
<!DOCTYPE html>
<html>
<head lang="en">
 <meta charset="UTF-8">
 <title>使用 CSS3 层次选择器</title>
 <style type="text/css">
        p,ul{border: 1px solid red;    /*边框属性*/}
 </style>
</head>
<body>
     <p class="active" >1</p>
     <p>2</p>
     <p>3</p>
     <ul>
          <li><p>4</p></li>
          <li><p>5</p></li>
          <li><p>6</p></li>
     </ul>
</body>
</html>
```

在具体使用层次选择器之前，先来看看页面的初步效果，如图 2.17 所示。

图2.17　页面的初步效果

为了更好地理解这些 p 元素的层次关系，可以先将示例中的 body 部分绘成 DOM 树形图，如图 2.18 所示。p1、p2、p3、ul 是 body 的子元素，p1、p2、p3、ul 互为兄弟元素，li 是 ul 的子元素，p4~p6 是 li 的子元素。所有元素都是 body 的后代元素（后代元素包括子元素，子元素不一定包括后代元素）。

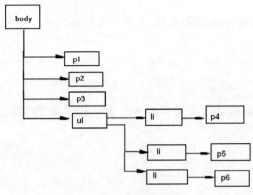

图2.18　body的树形图

（1）后代选择器

后代选择器的作用就是可以选择某元素的后代元素。例如"E F"中，E 为祖先元素，F 为后代元素，那么不管 F 元素是 E 元素的子元素、孙辈元素或者更深层次的后代，都将被选中。在示例 8 中加入如下代码。

```
<style type="text/css">
    /*后代选择器*/
    body p{
        background: red;
    }
</style>
```

上面的代码表示选择 body 元素的后代元素 p，即所有的 p 元素都会被选中。显示效果如图 2.19 所示。

图2.19　后代选择器

注意

后代选择器的两个选择符之间必须要用空格隔开，中间不能有任何其他符号插入。

（2）子选择器

子选择器（E>F）只能选择某元素的子元素，其中 E 为父元素，F 为子元素。在示例 8 中加入如下代码。

```
<style type="text/css">
    /*子选择器*/
    body>p{
        background: pink;
    }
</style>
```

上面代码的意思是选择 body 元素的子元素 p。结合图 2.19 来看，只有前三个 p 元素属于 body 元素的子元素，所以 p1～p3 被选中并变为粉色。显示效果如图 2.20 所示。

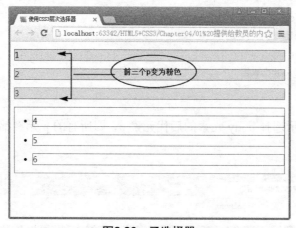

图2.20　子选择器

（3）相邻兄弟选择器

相邻兄弟选择器（E+F）可以选择紧跟在另一个元素后面的元素，它们有一个相同的父级元素。换句话说，E 和 F 是同辈元素，F 元素在 E 元素后面并且相邻。在示例 8 中加入如下代码。

```
<style type="text/css">
    /*相邻兄弟选择器*/
    .active+p{
        background: green;
    }
</style>
```

上面代码的意思是选择类名为 active 的相邻兄弟 p 元素，也就是 active 类后面的一个 p 元素被选中。显示效果如图 2.21 所示。

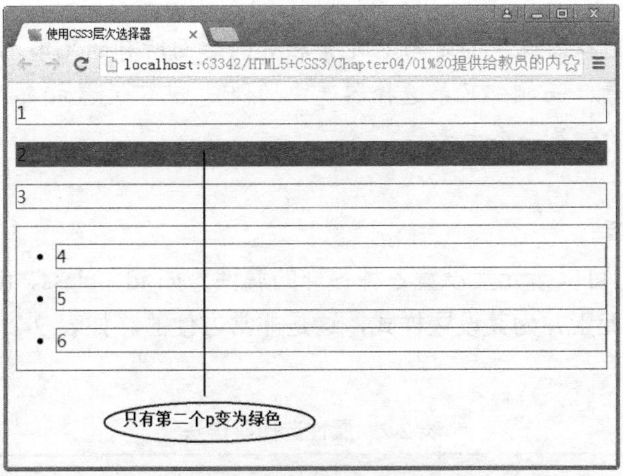

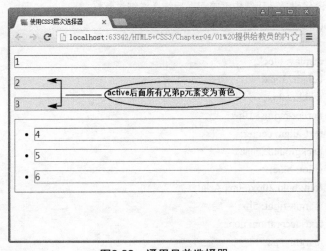

图2.21　相邻兄弟选择器

（4）通用兄弟选择器

通用兄弟选择器（E~F）用于选择某元素后面的所有兄弟元素，和相邻兄弟选择器类似，需要在同一个父元素之中，也就是说 E 和 F 元素是同辈元素，并且 F 元素在 E 元素之后，E~F 将选中 E 元素后面的所有 F 元素。在示例 8 中加入如下代码。

```
<style type="text/css">
    /*通用兄弟选择器*/
    .active~p{
        background: yellow;
    }
</style>
```

上面代码的意思是选择 active 类后面的所有兄弟 p 元素。显示效果如图 2.22 所示。

图2.22　通用兄弟选择器

注意

通用兄弟选择器选中的是与 E 元素相邻的后面所有的兄弟元素 F，其选中的是一个或多个元素；而相邻兄弟选择器选中的仅是与 E 元素相邻并且紧挨的兄弟元素 F，其选中的仅是一个元素。

2. 属性选择器

在 HTML 中，可以给元素设置各种各样的属性，如 id、class、title、href 等。通过这些属性可以选择元素并为其设置样式，这是非常方便的。如表 2-2 所示就是属性选择器的语法。

表 2-2　属性选择器语法

选择器	功能描述
E[attr]	选择匹配具有属性 attr 的 E 元素
E[attr=val]	选择匹配具有属性 attr 的 E 元素，并且属性值为 val（其中 val 区分大小写）
E[attr^=val]	选择匹配元素 E，且 E 元素定义了属性 attr，其属性值是以 val 开头的任意字符串
E[attr$=val]	选择匹配元素 E，且 E 元素定义了属性 attr，其属性值是以 val 结尾的任意字符串
E[attr*=val]	选择匹配元素 E，且 E 元素定义了属性 attr，其属性值包含了 "val"，换句话说，字符串 val 与属性值中的任意位置相匹配

示例 9

```
<!DOCTYPE html>
<html>
<head lang="en">
    <meta charset="UTF-8">
    <title>CSS3 属性选择器的使用</title>
    <style type="text/css">
        /*此段代码只是让结构更美观，后续会详细讲解*/
        .demo a {
            float: left;
            display: block;
            height: 50px;
            width: 50px;
            border-radius: 10px;
            text-align: center;
            background: #aac;
            color: blue;
            font: bold 20px/50px Arial;
            margin-right: 5px;
            text-decoration: none;
            margin: 5px;
        }
```

```
        </style>
    </head>
    <body>
    <p class="demo">
        <a href="http://www.baidu.com"class="links item first" id="first" >1</a>
        <a href="" class="links active item" title="test website" target="_blank" >2</a>
        <a href="sites/file/test.html" class="links item"    >3</a>
        <a href="sites/file/test.png" class="links item" > 4</a>
        <a href="sites/file/image.jpg" class="links item" >5</a>
        <a href="efc" class="links item" title="website link" >6</a>
        <a href="/a.pdf" class="links item" >7</a>
        <a href="/abc.pdf" class="links item" >8</a>
        <a href="abcdef.doc" class="links item" >9</a>
        <a href="abd.doc" class="linksitem last" id="last">10</a>
    </p>
    </body>
    </html>
```

示例 9 中目前还没有其他的样式设置，显示效果如图 2.23 所示。

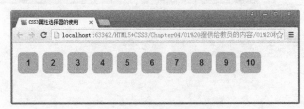

图2.23　属性选择器

（1）E[attr]属性选择器

E[attr]属性选择器是最简单的一种，用来选择具有某个属性的元素，而不管其属性值是什么。在示例 9 的 style 样式中添加如下代码。

a[id] { background: yellow; }

这句代码的意思是选择具有 id 属性的 a 元素，具体的显示效果如图 2.24 所示。

上述例子中并非只能设置一个属性，也可以同时设置多个属性，只要都能匹配就可以选择到想要的元素。例如：

a[id] [target]{ background: yellow; }

上面代码的意思是选择到的 a 元素要同时定义 id 和 target 属性，这样才能被选中。

（2）E[attr=val]属性选择器

E[attr=val]属性选择器为元素 E 设置了属性 attr，并且属性值为 "val"。相比 E[attr] 来说，已经缩小了选择范围，能进一步精确选择自己需要的元素。比如在示例 9 的 style 样式中添加如下代码。

a[id=first]{ background: red; }

这句代码的意思是选择具有 id 属性的 a 元素，并且属性值为 "first"。具体的显示效果如图 2.25 所示。

图2.24　E[attr]属性选择器

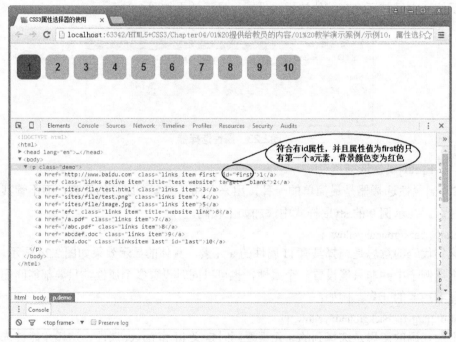

图2.25　E[attr=val]属性选择器

注意

在 E[attr=val]选择器中，属性和属性值必须完全匹配才能被选中。

例如：<a href="#"　class = " links　item"></a>

其中，使用 a[class="link"]{…}是匹配不到元素的，只有使用 a[class="links item"]{…}才能匹配。

（3）E[attr*=val]属性选择器

E[attr*=val]属性选择器设置了通配符，即元素 E 含有 attr 属性并且属性值中包含 "val" 字符串，也就是说只要选择的属性中含有 "val" 字符串就可以匹配上。比如在示例 9 的 style 样式中添加如下代码。

a[class*=links]{ background: red; }

这句代码的意思是选择所有含有 class 属性并且属性值中包含 "links" 字符串的 a 元素。具体的显示效果如图 2.26 所示。

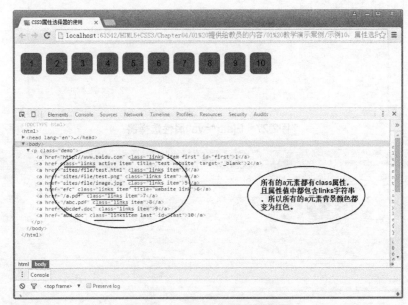

图2.26　E[attr*=val]属性选择器

（4）E[attr^=val]属性选择器

E[attr^=val]属性选择器选择设置了 attr 属性，并且属性值是以字符串 "val" 开头的所有 E 元素。比如在示例 9 的 style 样式中添加如下代码。

a[href^=http]{ background: red; }

这句代码的意思是选择所有含有 href 属性并且属性值以字符串 "http" 开头的 a 元素。具体的显示效果如图 2.27 所示。

（5）E[attr$=val]属性选择器

E[attr$=val]属性选择器与 E[attr^=val]刚好相反，表示选择设置了 attr 属性并且属性值是以字符串 "val" 结尾的所有 E 元素。比如在示例 9 的 style 样式中添加如下代码。

a[href$=png]{ background: red; }

这句代码的意思是选择所有含有 href 属性并且属性值以字符串 "png" 结尾的 a 元素。具体的显示效果如图 2.28 所示。

以上讲解了 CSS3 的一些高级选择器，在以后的学习中，还要通过各种练习对所学的知识进行巩固和应用。

图2.27　E[attr^=val]属性选择器

图2.28　E[attr$=val]属性选择器

2.4.3　上机训练

上机练习2——制作影视简介

需求说明

制作影视简介页面，正确使用标签完成结构搭建。标题使用<h2>标签，其他文本均放在段落标签<p>中，超链接使用<a>标签，图片使用<img>标签，CSS样式设置要求如下。

（1）使用外部引入CSS样式的方式为网页设置样式。

（2）使用标签选择器设置标题 h2 的字体颜色为#003580。

（3）使用 ID 选择器设置 p 段落的文字，字体为 14px，颜色为#000033。

（4）使用类选择器设置 p 段落文字中的不同颜色值，从左到右颜色值依次为#f00、#1f87cc、#faa53b、#0d7114。

（5）使用类选择器设置第一张图片的宽度为 100px，高度为 160px。

（6）使用类选择器设置最后两张图片的宽度为 200px，高度为 130px。

注意：样式一样就可以共用一个类名。

页面完成后的效果如图 2.29 所示。

图2.29　影视简介

任务5　CSS 文本样式

文字是网页中最重要的组成部分，通过文字可以传递各种信息。本任务将讲解使用 CSS 样式设置字体大小、字体类型、文字颜色、字体风格等字体样式，设置文本段落的对齐方式、行高，设置文本与图片的对齐方式，以及使用文字缩进来排版网页。

2.5.1　文本样式的重要性

我们在上网浏览网页时，看到最多的就是文字。文字在网页中除了传递信息，还有其他什么意义呢？先来看图 2.30 所示的小米网站中关于智能硬件的页面内容，看完之后描述一下看到了什么。

大家给出的答案大同小异，基本都看到了"智能硬件"标题，"空气净化器""高性能智能空气净化器现已全国包邮""899 元""199 元"等关键词，为什么大家看完后能记住的都差不多呢？

图2.30　小米网站智能硬件页面

经过分析可以看出，大家记住的都是字体较大的、经过 CSS 样式美化的文本，这些文本突出了页面的主题。因此使用 CSS 样式美化网页文本具有很大意义。

➢ 有效地传递页面信息。

➢ 使页面漂亮、美观，更加吸引用户。

➢ 可以很好地突出页面的主题内容，使用户第一眼就能看到页面主题。

➢ 具有良好的用户体验。

了解了使用 CSS 样式美化网页文本在网页设计中的意义，下面开始 CSS 设置字体样式学习之旅。在学习之前，先来认识一个重要的编辑文本的标签——<span>标签。

2.5.2　<span>标签

在前面的章节中，我们已经学习了很多 HTML 标签，知道了可以使用标题标签、段落标签来编辑文本。现在想要将一个<p>标签内的几个文字或者某个词语凸显出来，应该如何解决呢？这时<span>标签就闪亮登场了。

在 HTML 中，<span>标签是用来组合 HTML 文档中的行内元素的，它没有固定的格式表示，只有对它应用 CSS 样式时，才会产生视觉上的变化。例如，实现示例 10 中的文本"北京""奇迹"和"开天辟地"突出显示，就是使用<span>标签的效果。

示例 10

```
<!DOCTYPE html>
<html>
<head lang="en">
```

```
<meta charset="UTF-8">
<title>span 标签的应用</title>
<style type="text/css">
        p{font-size:14px; }
        p .show,.bird span{font-size:36px;font-weight:bold;color:blue;}
        p #dream{font-size:24px;font-weight:bold;color:red;}
</style>
</head>
<body>
    <p> <span class="show">北京</span>欢迎你，有梦想谁都了不起！</p>
    <p>有勇气就会有<span id="dream">奇迹</span></p>
    <p class="bird">北京欢迎你，为你<span>开天辟地</span> </p>
 </body>
</html>
```

在浏览器中打开的页面显示效果如图 2.31 所示。

由页面效果图可以看出，<span>标签可以为<p>标签中的部分文字添加样式，并且不会改变文字的显示方向。它不像<p>标签和标题标签那样，每对标签独占一个矩形区域。

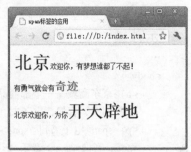

图2.31 <span>标签显示效果

2.5.3 字体属性

字体属性就如前面用到的 font-size 属性，可以给字体设置大小，除此之外还可以定义字体类型、字体是否加粗、字体风格等。常用的字体属性、含义及用法如表 2-3 所示。

表 2-3 常用字体属性

属 性 名	含 义	举 例
font-family	设置字体类型	font-family:"隶书";
font-size	设置字体大小	font-size:12px;
font-style	设置字体风格	font-style:italic;
font-weight	设置字体粗细	font-weight:bold;
font	在一个声明中设置所有字体属性	font:italic bold 36px "宋体";

为了在实际应用中灵活地运用这些字体属性，使网页中的文本发挥最大作用，下面对这几个字体属性进行详细介绍。

1. 字体类型

在 CSS 中，字体类型是通过 font-family 属性来控制的。例如，将 HTML 中所有<p>标签中的英文和中文分别使用 Verdana 和楷体字体显示，就可以通过标签选择器来定义<p>标签中元素的字体样式，其样式设置如下所示。

p{font-family:Verdana,"楷体";}

这句代码声明了 HTML 页面中<p>标签的字体样式，同时声明了两种字体，分别是 Verdana 和楷体，这样浏览器会优先用 Verdana 字体显示文字，如果是 Verdana 字体里没有包含的字符（通常英文字体不支持中文），则从后面的中文字体里面寻找，这样就实现了英文使用 Verdana、中文使用楷体的字体效果。

但这样设置的前提是要确保计算机中有 Verdana 和楷体这两种字体。如果计算机中没有 Verdana 字体，中文和英文都将以楷体显示；如果计算机中没有楷体，中文和英文都将以计算机默认的某种字体显示。所以在设置中文、英文分别以不同字体显示时，应尽可能设置计算机中常用的字体，这样就可以实现中文、英文使用不同字体的效果。

font-family 属性可以同时声明多种字体，字体之间用英文输入模式下的逗号分隔。另外，一些字体的名称中间会出现空格，如 Times New Roman 字体，或者使用了中文，如楷体，这时就需要用双引号将其括起来，使浏览器知道这是一种字体的名称。

现在以一个常见的购物商城商品分类页面来演示字体类型的效果，页面代码如示例11 所示。

示例 11

```
……
<body>
    <h1>京东商城——全部商品分类</h1>
    <h2>图书、音像、电子书刊</h2>
    <p><span>电子书刊</span> 电子书 网络原创 数字杂志 多媒体图书目<br/>
    <span>音像</span>音乐 影视 教育音像<br/>
    <span>经管励志</span> 经济 金融与投资 管理 励志与成功</p>
    <h2>家用电器</h2>
    <p><span>大家电</span> 平板电视 空调 冰箱 DVD 播放机<br/>
    <span>生活电器</span> 净化器 电风扇 饮水机 电话机</p>
    ……
</body>
</html>
```

上面是商品分类页面的部分 HTML 代码，从代码中可以看到，页面标题放在<h1>标签中，商品分类名称放在<h2>标签中，商品分类内容放在<p>标签中，而商品分类中的小分类放在<span>标签中。了解了页面的 HTML 代码，下面使用外部样式表的方式创建 CSS 样式，样式表名称为 font.css，由于页面中所有文本均在<body>标签中，因此设置<body>标签中所有字体样式如下。

```
body{font-family: Times,"Times New Roman", "楷体";}
```

在浏览器中查看页面，效果如图 2.32 所示，中文字体使用了"楷体"，如果计算机中没有字体"Times"，那么页面中的英文字体将使用字体"Times New Roman"。

注意

（1）当需要同时设置英文字体和中文字体时，一定要将英文字体设置在中文字体之前，如果将中文字体设置于英文字体之前，英文字体的设置将不起作用。

（2）在实际网页开发中，网页中的文本如果没有特殊要求，通常设置为"宋体"；宋体是计算机中默认的字体，如果需要使用其他字体，则可以使用图片来替代。

图2.32　字体类型页面效果图

 经验

在示例 11 中，样式是写在 body 元素后面的，可以发现 HTML 结构里 body 元素下面有很多类型的元素，它们的文字字体类型都如声明里的一样，分别显示为 "Times New Roman" 或 "楷体"，这是因为 body 是它们的父元素，样式可以继承自父级。

2. 字体大小

在网页中，通过文字的大小来突出主体是经常使用的方法。CSS 是通过 font-size 属性来控制文字大小的，常用的单位是 px（像素），这个单位想必大家不陌生，在前面已经使用过多次。在 font.css 文件中，设置<h1>标签字体大小为 24px，<h2>标签字体大小为 16px，<p>标签字体大小为 12px，代码如下所示。

```
body{font-family: Times,"Times New Roman", "楷体";}
h1{font-size:24px;}
h2{font-size:16px;}
p{font-size:12px;}
```

前面对于字体大小的效果已演示很多，这里不再展示页面效果。

在 CSS 中设置字体大小还有一些其他的单位，如 in、cm、mm、pt、pc，有时也会用百分比（%）来设置字体大小，但在实际的网页制作中并不常用，这里不过多讲解。

3. 字体风格

我们通常会用高、矮、胖、瘦、匀称来形容一个人的外形特点，字体也一样，也有自己的外形特点，如倾斜、正常，这些都是字体的外形特点，也就是通常所说的字体风格。

在 CSS 中，使用 font-style 属性设置字体的风格，属性值有三个，分别是 normal、italic 和 oblique，分别显示标准的字体样式、斜体字体样式和倾斜的字体样式。font-style 属性的默认值为 normal，italic 和 oblique 在页面中显示的效果非常相似。

为了查看 italic 和 oblique 的效果，在 HTML 页面中为标题代码增加<span>标签，修改代码如下所示。

```
<h1>京东商城——<span>全部商品分类</span></h1>
```

在 font.css 中增加字体风格的代码，如下所示。

```
body{font-family: Times,"Times New Roman", "楷体";}
h1{font-size:24px; font-style:italic;}
h1 span{font-style:oblique;}
h2{font-size:16px; font-style:normal;}
p{font-size:12px;}
```

在浏览器中查看的页面效果如图 2.33 所示，标题全部采用斜体显示，italic 和 oblique 的显示效果有点相似。normal 表示显示字体的标准样式，因此依然显示<h2>的标准字体样式。

图2.33　字体风格效果

4. 字体粗细

在网页中将字体加粗突出显示，也是一种常用的字体效果。CSS 中使用 font-weight 属性控制文字粗细，重要的是 CSS 可以将本身是粗体的文字变为正常粗细。font-weight 属性的取值如表 2-4 所示。

表2-4　font-weight 属性取值

值	说　　明
normal	默认值，定义标准的字体
bold	粗体字体
bolder	更粗的字体
lighter	更细的字体
100、200、300、400、500、600、700、800、900	定义由细到粗的字体，400 等同于 normal，700 等同于 bold

现在修改 font.css 样式表中的字体样式，代码如下所示。

```
body{font-family: Times,"Times New Roman", "楷体";}
h1{font-size:24px; font-style:italic;}
h1 span{font-style:oblique; font-weight:normal;}
h2{font-size:16px; font-style:normal;}
```

```
p{font-size:12px;}
p span{font-weight:bold;}
```

在浏览器中查看的页面效果如图 2.34 所示，标题后半部分变为字体正常粗细显示，商品分类中的小分类字体加粗显示。font-weight 属性也是 CSS 设置网页字体的一个常用属性，通常用来突出显示字体。可以自行练习 font-weight 属性的各种值，然后在浏览器中查看效果，以增加对 font-weight 属性的理解。

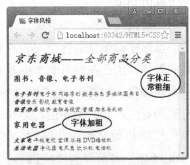

图2.34　字体粗细效果图

5. 字体属性

前面讲解的几个字体属性都是单独使用的，实际上在 CSS 中可以使用 font 属性对同一部分的字体设置多种字体属性，即利用 font 属性一次设置字体的所有属性，各个属性之间用英文空格分开，但需要注意字体属性的顺序应依次为字体风格→字体粗细→字体大小→字体类型。

例如，在上面的例子中，<p>标签中嵌套的<span>标签设置了字体的类型、大小、风格和粗细，使用 font 属性可表示如下。

```
p span{font:oblique bold 12px "楷体";}
```

以上讲解了字体在网页中的应用，这些都是针对文字设置的。在实际网页应用中，使用最为广泛的元素是由一个个文字形成的文本，大到网络小说、新闻公告，小到注释说明、温馨提示、各种超链接等，都是网页中最常见的文本形式。

如果要使用 CCS 把网页中的文本变得非常美观和漂亮，该如何设置呢？这就需要下面的知识——使用 CSS 排版网页文本。

2.5.4　文本样式

用于排版网页文本样式的属性有文本颜色、水平对齐方式、首行缩进、行高、文本装饰、垂直对齐方式等。常用的文本样式属性的含义及用法如表 2-5 所示。

表 2-5　文本样式属性

属　　性	含　　义	举　　例
color	设置文本颜色	color:#00C;
text-align	设置元素水平对齐方式	text-align:right;
text-indent	设置首行文本的缩进	text-indent:20px;
line-height	设置文本的行高	line-height:25px;
text-decoration	设置文本的装饰	text-decoration:underline;

在这几种文本样式属性中，大家对 color 属性并不陌生，其他的属性都是全新的。下面详细讲解并演示这几种属性在网页中的用法。

1. 文本颜色

（1）RGB

在 HTML 页面中，颜色统一采用 RGB 格式，也就是通常人们所说的"红绿蓝"三原色模式。每种颜色都由红、绿、蓝三种颜色的不同比例组成，按十六进制的方法表示，如"#FFFFFF"表示白色、"#000000"表示黑色、"#FF0000"表示红色。在这种表示方法中，前两位表示红色分量，中间两位表示绿色分量，最后两位表示蓝色分量。

虽然在前面章节使用 color 属性时，都采用英文单词表示颜色，但是英文单词毕竟是有限的，因此在网页制作中基本上都采用十六进制表示颜色。使用十六进制可以表示所有的颜色，如"#A983D8""#95F141""#396"、"#906"等。从上述例子中可以看到，有的为6位，有的为3位，为什么呢？用3位表示颜色值是颜色属性值的简写，当6位颜色值相邻数字两两相同时，可两两缩写为一位，如"#336699"可简写为"#369"，"#EEFF66"可简写为"#EF6"。

还有一种表示 RGB 颜色的方法如下：

rgb(r,g,b)

以上 r、g、b 三个参数，正整数的取值范围为 0～255，百分比的取值范围为 0%～100%，超出范围值将截取其最近的取值极限，但三个参数都不能取负数。

（2）RGBA

在 CSS3 中，RGBA 在 RGB 的基础上增加了控制 alpha 透明度的参数，这个参数的取值范围为 0～1，如果是 0，表示完全透明；如果是 1，表示完全不透明。透明度的取值也不能是负数。

下面演示文本颜色的应用，页面的 HTML 代码如示例 12 所示，页面中的主体内容放在<p>标签内，数字均放在<span>标签中。

示例 12
```
……
<body>
<h1>CSS 介绍</h1>
<h3>来源：来自百度百科</h3>
<hr/>
<p>
    <img src="image/icon.jpg"    alt="CSS 图册" width="176" height="108" />
    CSS 全称为<span>层叠样式表</span>（Cascading Style Sheet），通常又称为风格样式表（Style Sheet）……
</p>
<p>既然 CSS 可以设计网页风格……</p>
<p>如设置字体的<span>颜色</span>、<span>大小</span>、<span>样式</span> </p>
</body>
</html>
```

使用 color 属性设置标题字体颜色为蓝色，透明度为 0.5，页面数字颜色为红色，CSS 代码如下所示。
```
h1{color:rgba(0,0,255,0.5); font-size:24px;}
p{font-size:12px;}
p span{color:#F00;}
```
在浏览器中查看页面效果如图 2.35 所示，标题字体颜色为蓝色，页面数字颜色为红色。

图2.35 文本颜色效果

学到这里,关于颜色值如何获取可能是大家学习的难点,其实这点很容易解决。如图 2.36 所示,借助 Photoshop 工具点击被框起来的任意一个位置都可以打开颜色编辑器,然后就可以选择颜色值了。

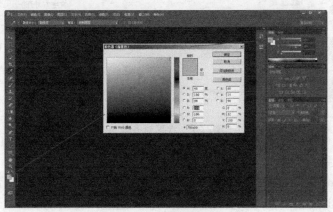

图2.36 颜色编辑器

2. 水平对齐方式

在 CSS 中,文本的水平对齐是通过 text-align 属性来控制的,通过它可以设置文本左对齐、居中对齐、右对齐和两端对齐。text-align 属性的常用取值如表 2-6 所示。

表 2-6 text-align 属性的常用取值

值	说 明
left	把文本排列到左边,默认值,由浏览器决定
right	把文本排列到右边

续表

值	说　　明
center	把文本排列到中间
justify	实现两端对齐文本的效果

　　通常大家在浏览新闻页面时会发现，标题往往居中显示，新闻来源会居中或居右显示，而前面示例中 CSS 页面的所有内容均是默认居左显示。现在通过 text-align 属性设置标题居中显示，来源居右显示，内容居左显示，CSS 代码如下所示。

```
h1{color:#091CC4; font-size:24px; text-align:center;}
h3{text-align:right; font-style:normal;}
p{font-size:12px; text-align:left;}
p span{color:#F00;}
```

　　在浏览器中查看页面效果如图 2.37 所示，各部分内容显示效果与 CSS 设置效果完全一致。

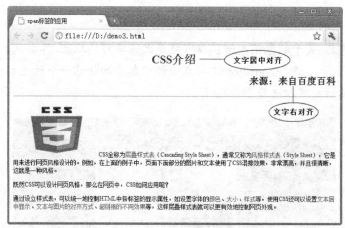

图2.37　水平对齐效果

3．首行缩进和行高

　　在使用 Word 编辑文档时，通常会设置段落的行距，并且段落的首行缩进两个字符。在 CSS 中也有这样的属性可以实现对应的功能，通过 line-height 属性设置行高，通过 text-indent 属性设置首行缩进。

　　line-height 属性值与 font-size 属性值一样，也是以数字来表示的，单位也是 px（像素）。除了使用像素表示行高外，也可以不加任何单位，按倍数表示，这时行高将是字体大小的倍数。例如，<p>标签中的字体大小设置为 12px，行高设置为"line-height:1.5;"，那么行高换算为像素将是 18px。这种不加任何单位的表示方法在实际网页制作中并不常见，通常会使用像素的方法表示行高。

　　在 CSS 中，text-indent 直接以数字表示缩进距离，单位为 em 或 px。对于中文网页，em 用得较多，通常设置为"2em"，表示缩进两个字符，如 p{text-indent:2em;}。

　　em 是相对单位，表示相当于本行中字符的倍数。无论字体大小如何变化，它都会根据字符的大小自动适应，空出相应字符的倍数。

　　按照中文的排版习惯，通常段首缩进两个字符，因此，通过 text-indent 属性设置段落缩进时，使用 em 为单位是再合适不过了。

　　图 2.37 所示 CSS 页面段首没有缩进，行与行之间也没有间距，显得非常拥挤，这两个属性就派上用场了。CSS 代码如下所示。

```
h1{color:#091CC4; font-size:24px; text-align:center;}
h3{text-align:right; font:12px normal;}
p{font-size:12px; text-align:left; line-height:28px; text-indent:2em;}
p span{color:#F00;}
```

　　在浏览器中查看的页面效果如图 2.38 所示，每段开始缩进了两个字符，并且行与行之间有了一定的间隙，看起来舒服多了。

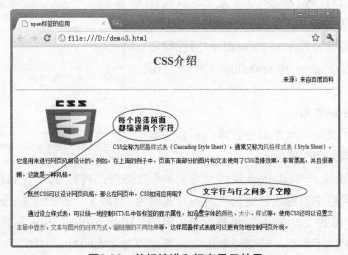

图2.38　首行缩进和行高显示效果

4．文本装饰

　　网页中经常看到一些文字有下划线、删除线等，这些都是文本的装饰效果。在 CSS 中是通过 text-decoration 属性来设置的。表 2-7 列出了 text-decoration 属性的常用值。

表 2-7　text-decoration 属性的常用值

值	说　　明
none	默认值，定义的标准文本
underline	设置文本的下划线
overline	设置文本的上划线
line-through	设置文本的删除线

　　下面通过示例 13 来说明 text-decoration 属性的使用方法。

示例 13

……

```
<style>
    a:nth-of-type(1){    text-decoration: underline;    }
```

```
        a:nth-of-type(2){    text-decoration: overline;    }
        a:nth-of-type(3){    text-decoration: line-through;    }
        a:nth-of-type(4){    text-decoration: none;    }
    </style>
    </head>
    <body>
        <a href="#">下划线：underline</a> <br/> <br/>
        <a href="#">上划线：overline</a> <br/> <br/>
        <a href="#">删除线：line-through</a> <br/>    <br/>
        <a href="#">无下划线：none</a> <br/> <br/>
    </body>
```

在浏览器中的显示效果如图 2.39 所示。

前面学习的 HTML 标签中，a 元素默认就有下划线，但是网页上大多数的 a 元素都没有下划线，这时就要通过设置 text-decoration 属性把它删除。一般情况下 none 和 underline 是两个常用的值。

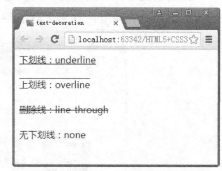

图2.39　text-decoration的显示效果

5. 垂直对齐方式

前面介绍了文本的水平对齐方式，那么文本在垂直方向又该如何对齐呢？

在 CSS 中通过 vertical-align 属性设置文本垂直方向的对齐方式。在目前的浏览器中，只能对表格单元格中的对象使用垂直对齐方式属性，而对于一般的标签，如<h1>～<h6>、<p>及后面要学习的<div>标签等都是不起作用的，因此 vertical-align 属性在设置文本标签的垂直对齐时并不常用，反而经常用来设置图片与文本的对齐方式。

在网页实际应用中，通常使用 vertical-align 属性设置文本与图片的居中对齐，此时它的值为 middle，如示例 14 所示。

示例 14
……

```
<title>垂直对齐方式</title>
<style type="text/css">
    img,span {vertical-align:middle;}
</style>
</head>
<body>
    <p>
        <img src="image/icon.gif" width="129" height="121" />
        <span>图片与文本垂直居中对齐</span>
    </p>
</body>
</html>
```

在浏览器中查看的页面效果如图 2.40 所示，实现了图片与文本的居中对齐。

图2.40　图片与文本居中对齐效果

除了 middle 之外，vertical-align 属性还有其他取值，如 top、bottom 等，只是这些值并不常用，这里也不多做介绍。

2.5.5　上机训练

上机练习3——制作百度音乐标签页面

训练要点

➤ 使用字体属性设置字体风格、大小。

➤ 使用文本属性设置字体颜色、行距。

➤ 使用<span>标签。

需求说明

制作如图 2.41 所示的百度音乐标签页面，页面要求如下。

（1）标题字体大小为 18px，字体类型为楷体，加粗显示。

（2）歌手分类显示内容的字体大小为 12px，行高为 20px。

（3）歌手分类字母序号加粗，红色字体；页面中的英文字体为 "Times New Roman" 或 "Times"，中文字体为宋体。

图2.41　百度音乐标签页面效果

实现思路及关键代码

（1）使用 color 属性设置字体颜色。

（2）使用 font 属性设置字体类型和字体大小，顺序为字体大小→字体类型。字体类型要先设置英文字体，再设置中文字体；或者使用 font-size 设置字体大小，使用 font-family 设置字体类型。

（3）歌手分类字母序号放在<span>标签中，并且使用 font-weight 设置字体加粗。

（4）CSS 文件单独放在 CSS 文件夹下，使用链接式引用 CSS 文件。

上机练习4——制作开心庄园页面

需求说明

制作如图 2.42 所示的开心庄园页面，页面要求如下。

（1）页面中所有字体颜色为"#9C2F06"。

（2）标题字体大小为 18px，行距为 40px，加粗显示。

（3）正文字体大小为 12px，行距为 20px；小图片与文本垂直居中对齐显示。

（4）使用外部样式表创建页面样式。

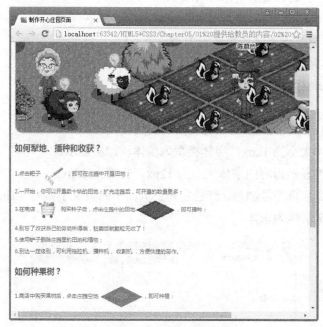

图2.42　开心庄园页面效果

任务 6　超链接和列表样式

　　超链接是网页上最基本的元素，通过超链接能够实现页面的跳转、功能的激活等，是与用户打交道最多的网页元素之一。下面介绍如何使用 CSS 设置超链接的样式。

2.6.1　超链接伪类

　　作为 HTML 中的常用标签，超链接的样式有其显著的特殊性：当为文本或图片设置超链接时，文本或图片标签将继承超链接的默认样式。如图 2.43 所示，文字添加超链接后将出现下划线，单击链接前文本颜色为蓝色，单击链接后文本颜色为紫色，正在点击的超链接是红色。

　　超链接单击前和单击后具有的不同颜色，其实就是超链接的默认伪类样式。所谓伪类，就是不根据名称、属性、内容而根据标签处于某种行为或状态时的特征来修饰样式，也就是说超链接将根据用户未单击访问前、鼠标悬浮在超链接上、单击未释放、单击访问后四个状态显示不同的超链接样式。伪类样式的基本语法为"标签名:伪类名{声明;}"，如图 2.44 所示。

图2.43　超链接默认特性

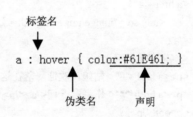

图2.44　伪类样式语法

　　最常用的超链接伪类如表 2-8 所示。

表2-8　超链接伪类

伪类名称	含　义	示　例
a:link	未单击访问的超链接样式	a:link{color:#9EF5F9;}
a:visited	单击访问后的超链接样式	a:visited{color:#333;}
a:hover	鼠标悬浮其上的超链接样式	a:hover{color:#FF7300;}
a:active	鼠标单击未释放的超链接样式	a:active{color:#999;}

　　既然超链接伪类有四种，那么在对超链接设置样式时，有没有顺序之分？当然有了，在 CSS 中设置伪类的顺序为 a:link→a:visited→a:hover→a:active，如果先设置"a:hover"再设置"a:visited"，"a:hover"就不起作用了。

　　现在想一个问题，如果设置了四种超链接样式，那么，页面上超链接的文本样式就应该有四种，但我们在上网时看到的超链接无论单击前还是单击后样式都是一样的，只有鼠标悬浮在超链接上的样式有所改变，为什么呢？

　　大家可能想到的是，"a:hover"设置一种样式，其他三种伪类设置一种样式。是的，这样设置确实能实现网上常见的超链接效果，但是在实际的开发中，是不会这样设置的。实际开发中，仅设置两种超链接样式，一种是超链接<a>标签选择器样式，另一种是鼠标悬浮在超链接上的样式，代码如示例 15 所示。

示例 15

```
……
<style>
        p{font-size: 14px; }
        a{text-decoration: none; }
        a:hover{
                text-decoration: underline;
                color: orange;
        }
</style>
</head>
<body>
    <!--图片超链接-->
    <a href="#" >
        <img src="image/img1.png" alt="姑娘，欢迎降落在这残酷的世界" />
    </a>
    <!--文字超链接-->
    <p><a href="#" >姑娘，欢迎降落在这残酷的世界</a></p>
    <p><a href="#" >作者：一门</a></p>
    <p>¥58</p>
</body>
</html>
```

在浏览器中查看的页面效果如图 2.45 所示，鼠标悬浮在超链接上时显示下划线，字体颜色为橙色；鼠标没有悬浮在超链接上时无下划线，字体颜色默认为蓝色。

<a>标签选择器样式表示超链接在任何状态下都使用这种样式，而之后设置的 a:hover 超链接样式，表示鼠标悬浮在超链接上时显示的样式，这样既减少了代码量，使代码看起来一目了然，也实现了想要的效果。

图2.45　超链接样式效果

2.6.2　列表样式

使用列表组织的网页内容无处不在。例如，横向导航菜单、竖向菜单、新闻列表、商品分类列表等，基本都是使用列表实现的。但网页中的菜单、商品分类使用的列表均没有前面的圆点符号，该如何去掉这个默认的圆点符号呢？

这就用到了 CSS 列表属性。CSS 列表有四个设置列表样式的属性，分别是list-style-type、list-style-image、list-style-position 和 list-style。其中 list-style-image 属性是使用图像来替换列表项的标记、list-style-position 属性是设置在何处放置列表项标记，由于这两个属性在实际开发中并不常用，在本章中不做详细讲解，只对使用比较多的

list-style-type 和 list-style 两个属性进行详细的讲解。

1．list-style-type

list-style-type 属性设置列表项标记的类型，常用的属性值如表 2-9 所示。

表 2-9　list-style-type 常用属性值

值	说　明	语 法 示 例	图 示 示 例
none	无标记符号	list-style-type:none;	刷牙 洗脸
disc	实心圆，默认类型	list-style-type:disc;	● 刷牙 ● 洗脸
circle	空心圆	list-style-type:circle;	○ 刷牙 ○ 洗脸
square	实心正方形	list-style-type:square;	■ 刷牙 ■ 洗脸
decimal	数字	list-style-type:decimal;	1．刷牙 2．洗脸

2．list-style

list-style 是简写的方式，表示在一个声明中设置列表的所有属性。list-style 按照 list-style-type→list-style-position→list-style-image 的顺序设置属性值。在实际应用中可以直接使用 list-style 来设置列表无标记符，把 list-style-position 和 list-style-image 省略不写。

li {list-style:none;}

网页中用到列表时很少使用 CSS 自带的列表标记，而是使用设计的图标，看起来使用 list-style-image 就可以了。可是 list-style-position 不能准确地定位图像标记的位置，而网页中有关图标的位置都是非常精确的。因此在实际的网页制作中，通常使用 list-style 或 list-style-type 属性先设置项目无标记符号，然后再通过背景图像的方式把设计的图标设置成列表项标记。

示例 16

```
......
<body>
<h2 class="title">全部商品分类</h2>
<ul>
    <li><a href="#">图书</a>  <a href="#">音像</a>  <a href="#">数字
        商品</a></li>
    <li><a href="#">家用电器</a>  <a href="#">手机</a>  <a href="#">
        数码</a></li>
    ......
</ul>
</body>
```

示例 16 实现了某购物网站的商品分类导航页面布局，从 HTML 代码中可以看出，页面中 h2 标签里是标题，ul 标签下是商品分类列表。下面对 HTML 结构编写 CSS 样式。

```
.title {
    font-size: 18px;
    font-weight: bold;
    text-indent: 1em;
    line-height: 35px;
}
ul li {
    height: 30px;
    line-height: 25px;
    text-indent: 1em;
    list-style: none;
}
a {
    font-size: 14px;
    text-decoration: none;
    color: #000;
}
a:hover {
    color: #F60;
    text-decoration: underline;
}
```

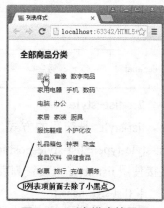

图2.46　列表样式效果图

在浏览器中的显示效果如图 2.46 所示。默认无序列表前面会有黑色实心小圆点，可以通过设置 list-style: none 属性去除。

任务 7　<div>标签及背景样式的使用

我们在上网时能看到各种各样的页面背景（background），有页面整体的图像背景、颜色背景，也有部分的图像背景、颜色背景等。

总之，背景在网页中无处不在，如图 2.47 所示的网页菜单导航背景、搜索按钮图标背景以及如图 2.48 所示的表格背景。所有这些背景都为浏览者带来了丰富多彩的视觉感受，以及良好的用户体验。

图2.47　菜单导航背景

通过上面展示的两个页面，可以看到背景是网页中最常用的一种技术，无论是单纯的背景颜色，还是背景图像，都能为整体页面带来丰富的视觉效果。下面就详细介绍背景在网页中的应用。

姓名	入职企业	入职时间	技术方向	试用期	转正
肖东	惠星文化传媒公司	2013-06-03	市场专员	5600	6200
王月	东方文化出版社	2013-03-06	UI设计师	4200	5800
刘文玉	北京慧聪邓白氏研究公司	2013-02-03	BENET网络工程师	6000	8000
吕方	北大青鸟研究院	2013-05-15	网络营销师	4500	5600
杨亚	上海白林广告公司	2013-06-17	Java工程师	3500	4500
白杨	东方文化出版社	2013-03-03	网页制作师	3000	4000
杨文	惠星文化传媒公司	2013-06-03	营销经理	6800	8800
张智	北京动力研究院	2013-02-08	力学研究专员	12000	18000
成方	北大青鸟研究院	2013-02-03	软件工程师	6000	8000

图2.48 表格背景

2.7.1 <div>标签

在学习背景属性之前，先认识一个网页布局中的常用标签——<div>标签。<div>标签可以把 HTML 文档分割成独立的、不同的部分，常用来进行网页布局。<div>标签与<p>标签一样，也是成对出现的，它的语法如下。

网页内容……

一对没有添加内容和 CSS 样式的<div>标签，独占一行。只有在使用了 CSS 样式后，它才能像报纸、杂志版面的信息块那样，对网页进行排版，制作出复杂多样的网页布局。此外，在使用<div>标签布局页面时，可以嵌套<div>，也可以嵌套列表、段落等各种网页元素。

先认识一下 CSS 中控制网页元素宽、高的两个属性，分别是 width 和 height。这两个属性的值均以数字表示，单位为 px。例如，设置页面中 id 名称为 header 的<div>的宽和高，代码如下所示。

#header { width:200px;   height:280px;}

2.7.2 背景样式

在 CSS 中，背景样式包括背景颜色（background-color）和背景图像（background-image），下面分别介绍。

1. 背景颜色

在 CSS 中，使用 background-color 属性设置文本、<div>、列表等网页元素的背景颜色，背景颜色值的表示方法与 color 的表示方法一样，也是用十六进制，但是它有一个特殊值——transparent，即透明，也是 background-color 属性的默认值。

理解了 background-color 属性的用法，在示例 16 的基础上对商品分类列表添加背景样式，具体代码如示例 17 所示。

示例 17

```
……
<title>背景颜色</title>
    <link href="css/background.css" rel="stylesheet" type="text/css"/>
</head>
```

```
<body>
    <div id="nav">
        <h2 class="title">全部商品分类</h2>
        <ul>
            <li><a href="#">图书</a>  <a href="#">音像</a>  
                <a href="#">数字商品</a></li>
            <li><a href="#">家用电器</a>  <a href="#">手机</a>  
                <a href="#">数码</a></li>
            ……
        </ul>
    </div>
</body>
</html>
```

从 HTML 代码中可以看到，页面中所有内容都包含在 id 为 nav 的<div>中，导航标题在类名为 title 的<h2>中，导航内容在无序列表中。接下来就是根据 HTML 代码编写 CSS 样式，首先设置最外层<div>的宽度、背景颜色，然后设置导航标题的背景颜色、字体样式，最后设置导航内容的样式，代码如下所示。

```
#nav {
    width:230px;                    /*最外层<div>的宽度*/
    background-color:#D7D7D7;       /*最外层<div>背景颜色*/
}
.title {
    background-color:#C00;          /*导航标题的背景颜色*/
    font-size:18px;
    font-weight:bold;
    color:#FFF;
    text-indent:1em;                /*导航标题缩进
                                    一个字符*/
    line-height:35px;
}
……
```

图2.49　背景颜色页面效果

在浏览器中查看的页面效果如图 2.49 所示，导航标题背景颜色为红色，导航内容背景颜色为灰色。

 注意

CSS 中的注释符号是"/*……*/"，放在"/*"与"*/"之间的注释内容将不起作用。

2. 背景图像

在网页中不仅能为网页元素设置背景颜色，还能使用图像作为某个元素的背景，如整个页面的背景使用背景图像设置。在 CSS 中使用 background-image 属性设置网页元素的背景图像。

在网页中设置背景图像时，通常会与背景重复（background-repeat）方式和背景定位（background-position）两个属性一起使用，下面详细介绍这几个属性。

（1）背景图像

使用 background-image 属性设置背景图像的方式是 "background-image:url(图片路径);"。在实际工作中，图片路径通常使用相对路径。此外，background-image 属性还有一个特殊的值，即 none，表示不显示背景图像，只是这个值很少用到。

（2）背景重复方式

如果仅设置了 background-image，背景图像默认自动向水平和垂直两个方向重复平铺。如果不希望图像平铺或者只希望图像沿着一个方向平铺，可以使用 background-repeat 属性来控制，该属性有四个值，可实现不同的平铺方式。

➢ repeat：沿水平和垂直两个方向平铺。

➢ no-repeat：不平铺，即背景图像只显示一次。

➢ repeat-x：只沿水平方向平铺。

➢ repeat-y：只沿垂直方向平铺。

具体使用如示例 18 所示。

示例 18

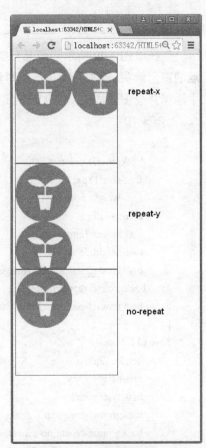

```
……
<style>
    div{
        width: 400px;
        height: 400px;
        border: 1px solid red;
        background-image: url("image/1.jpg");
    }
    .div1{background-repeat: repeat-x; }
    .div2{background-repeat: repeat-y; }
    .div3{background-repeat: no-repeat; }
</style>
</head>
    <body>
        <div class="div1"></div>
        <div class="div2"></div>
        <div class="div3"></div>
    </body>
……
```

图2.50　背景图像重复方式

在浏览器中的显示效果如图 2.50 所示。

在实际工作中，repeat 通常用于小图片平铺整个页面的背景或平铺页面中某一块内容的背景；no-repeat 通常用于小图标的显示或只需要显示一次的背景图像；repeat-x 通常用于导航背景、标题背景；repeat-y 在页面制作中并不常用。

（3）背景定位

在 CSS 中，使用 background-position 来设置图像在背景中的位置。背景图像默认从被修饰的网页元素的左上角开始显示，但也可以使用 background-position 属性设置背景图像出现的位置，即背景出现一定的偏移量，可以使用具体数值、百分比、关键词三种方式表示水平和垂直方向的偏移量，如表 2-10 所示。

表 2-10　background-position 属性取值

值	含　义	示　例
Xpos　Ypos	使用像素值表示，第一个值表示水平位置，第二个值表示垂直位置	（1）0px　0px（默认，表示从左上角开始出现背景图像，无偏移） （2）30px　40px（正向偏移，图像向下和向右移动） （3）-50px　-60px（反向偏移，图像向上和向左移动）
X%　Y%	使用百分比表示背景的位置	30%　50%（垂直方向居中，水平方向偏移 30%）
x、y 方向关键词	使用关键词表示背景的位置，水平方向的关键词有 left、center、right，垂直方向的关键词有 top、center、bottom	使用水平和垂直方向的关键词进行自由组合，如省略，则默认为 center。例如： right　top（右上角出现） left　bottom（左下角出现） top（上方水平居中位置出现）

现在给图 2.49 所示的商品分类导航页面添加背景图标，给导航标题右侧添加向下指示的三角箭头，给每行的导航菜单添加向右指示的三角箭头，HTML 代码不变，只在 CSS 中添加背景图像样式，添加的代码如示例 19 所示。

示例 19

```
.title {
        background-color:#C00;
        font-size:18px;
        font-weight:bold;
        color:#FFF;
        text-indent:1em;
        line-height:35px;
        background-image:url(../image/arrow-down.gif);
        background-repeat:no-repeat;
        background-position:205px 10px;
}
#nav ul li {
        height:30px;
        line-height:25px;
        list-style: none;
        background-image:url(../image/arrow-right.gif);
        background-repeat:no-repeat;
        background-position:170px 2px;
}
```

在浏览器中查看添加了背景图标的页面效果如图 2.51 所示。

图2.51 背景图标页面效果

3. 背景

如同 font 属性可以把多个属性综合起来声明实现简写一样，背景样式也可以使用 background 属性实现简写。

上面在类 title 样式中声明导航标题的背景颜色和背景图像共使用了四条规则，改为使用 background 属性简写后的代码如下。

```
.title {
    font-size:18px;
    font-weight:bold;
    color:#FFF;
    text-indent:1em;
    line-height:35px;
    background:#C00 url(../image/arrow-down.gif) 205px 10px no-repeat;
}
```

从上述代码中可以看到，使用 background 属性减少了许多代码，对于后期的 CSS 代码维护会非常方便，因此建议使用 background 属性来设置背景样式。

2.7.3 上机训练

上机练习5——制作家用电器商品分类页面

需求说明

制作如图 2.52 所示的家用电器分类页面，要求如下。

（1）标题分别使用<h2>和<h3>标签，电器分类使用无序列表布局。

（2）家用电器分类页面总宽度为 300px。

（3）大标题字体大小为 18px、白色、加粗显示，行距 35px，向内缩进 1 个字符。

（4）电器分类字体大小为 14px、加粗显示，行距 30px，电器分类超链接字体颜色为蓝色（# 0565c6）、无下划线，当鼠标悬浮于超链接上时出现下划线。

（5）分类内容字体大小为 12px，行距 26px，超链接字体颜色为灰色（#666666）、无下划线，当鼠标悬浮于超链接上时字体颜色为棕红色（#F60），并且显示下划线。

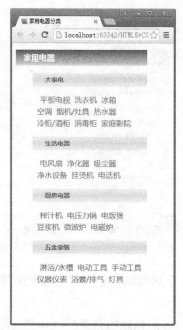

图2.52 家用电器分类页面

上机练习6——制作畅销书排行榜页面

训练要点

> 使用 Webstorm 制作网页。
> 设置页面背景的渐变颜色。
> 设置背景图片尺寸。
> 使用 CSS 设置超链接样式。
> 使用 CSS 设置列表样式。
> 使用结构伪类选择器。

需求说明

制作如图 2.53 所示的畅销书排行榜页面,要求如下。

(1)标题字体大小为 16px、白色、向内缩进 1 个字符,行距 30px,背景为绿色(#518700),"榜"字以背景图片方式实现,背景尺寸按照自身宽高比例缩放去填充容器。

(2)列表内容使用无序列表<ul>实现,列表前的图标使用背景图片的方式实现,字体大小为 12px,行距 28px,超链接文本字体颜色为#1A66B3,无下划线,鼠标移至超链接文本上时字体颜色不变,显示下划线。

图2.53 畅销书排行榜页面

实现思路及关键代码

(1)使用 list-style-type 属性设置列表无标记符号。

(2)使用背景属性设置列表的图标样式,列表内容向内缩进 2 个字符。

➔ 本章作业

一、选择题

1. 下列 CSS 语法结构，完全正确的是（　　　）。

　　A．p{font-size:12; color: red;}

　　B．p{font-size:12; color:# red;}

　　C．p{font-size:12px; color: red;}

　　D．p{font-size:12px; color:# red;}

2. 在 HTML 中使用（　　　）标签引入 CSS 内部样式表。

　　A．<style>　　　　　　　　　　　B．<p>

　　C．<link/>　　　　　　　　　　　D．<strong>

3. 在 CSS 中，（　　　）不是 CSS 选择器。

　　A．ID 选择器　　　　　　　　　　B．标签选择器

　　C．类选择器　　　　　　　　　　　D．颜色选择器

4. 在 CSS 中，（　　　）属性用来设置段落的首行缩进。

　　A．text-indent

　　B．text-decoration

　　C．text-align

　　D．font-style

5. 将<p>标签中的文字大小设置为 18px，颜色设置为#336699，文本有删除线，下列 CSS 正确的是（　　　）。

　　A．p{font-size:18px; color:#336699; text-decoration:overline;}

　　B．p{font-size:18px; color:#369; text-decoration: line-through;}

　　C．p{font-size:18px; color:#336699; text-decoration:underline;}

　　D．p{font-size:18px; color:#369; text-decoration:blink;}

二、简答题

1. 使用<style>标签和 style 属性引入 CSS 样式有哪些相同点和不同点？

2. 在 CSS 中，常用的背景属性有哪几个？它们的作用是什么？

3. 制作如图 2.54 所示的席幕容的诗《初相遇》页面，要求如下。

➤ 页面总宽度 400px。

➤ 使用<h1>标签排版文本标题，字体大小为 18px，颜色为蓝色。

➤ 使用<p>标签排版文本正文，首行缩进 2em，行高为 22px。

➤ 首段第一个字"美"，字体大小为 18px、加粗显示。第二段中的"胸怀中满溢……在我眼前"字体风格为倾斜，颜色为蓝色，字体大小为 16px。正文其余文字大小为 12px。

➤ 最后一段文字带下划线。

➤ 使用外部样式表创建页面样式。

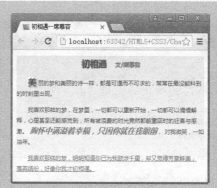

图2.54 《初相遇》页面效果

4. 制作如图 2.55 所示的淘宝女装分类页面，要求如下。

➤ 使用无序列表等 HTML 标签编辑页面。

➤ 女装各分类名称前的图片使用背景图片的方式实现，标题字体大小为18px，加粗显示。

➤ 分类内容字体大小为 12px，超链接文本字体颜色为黑色，无下划线，当鼠标移至超链接文本上时字体颜色为橙色（#F60），并且显示下划线。

➤ 使用外部样式表创建页面样式。

图2.55 女装分类页面效果

作业答案

第 3 章

列表、表格及表单

本章任务

任务 1: 列表在网页中的应用
任务 2: 表格的结构及语法
任务 3: 能够使用不同的表单元素布局网页
任务 4: 理解表单的高级应用

技能目标

❖ 理解列表实现数据展示的语法
❖ 理解表格实现数据展示的语法
❖ 掌握表单元素的语法以及表单的高级应用

本章知识梳理

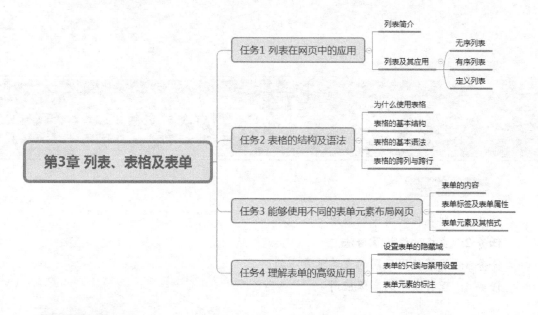

本章简介

列表在网页制作中发挥着重要的作用，许多精美、漂亮的网页中都使用了列表。本章将介绍列表的概念及相关的使用方法，通过练习掌握列表应用的技巧，从而制作出精美的网页。

对于排列整齐的有行有列的布局，表格是一种不可或缺的工具，使用表格可以灵活地实现数据展示。

表单在网页中的应用也比较广泛，如申请电子邮箱，用户需要首先填写注册信息，然后才能提交申请。又如登录邮箱收发电子邮件，必须在登录页面中输入用户名和密码才能进入邮箱，这就是典型的表单应用。本章将围绕列表、表格以及表单来讲解，一起感受网页制作的魅力。

预习作业

1. 简答题

（1）在 HTML 中支持哪几种列表，如何表示？

（2）如果希望实现表格的跨行和跨列显示，需要设置表格的哪些属性？

（3）常见的表单元素有哪些？

（4）表单有哪几种提交方式？各有什么特点？

2. 编码题

使用表单元素编写常见的登录页面，要求如下：

（1）登录页面包含用户名输入框。

（2）登录页面包含密码框。

（3）登录页面包含登录按钮。

列表在网页中的应用

在网页制作中，列表的使用场合很多，如常见的树形可折叠菜单、购物网站的商品展示等。既然列表可以发挥如此巨大的作用，下面来了解一下什么是列表。

3.1.1 什么是列表

什么是列表？简单来说，列表是信息资源的一种展示形式。它使信息结构化和条理化，并以条列的样式显示出来，以便浏览者能更快捷地获得相应的信息。图3.1至图3.3所示就是网页中最常见的列表使用形式。

图3.1 经典视频榜

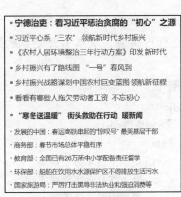

图3.2 新闻列表

图3.3 MV列表

从图中可以发现虽然都是采用列表来显示信息，但是有的列表项前面有序号，有的列表项前面没序号。HTML 中的列表可以分为三种类型：无序列表、有序列表、定义列表。它们之间有什么相同点和不同点呢？下面就一一进行讲解。

3.1.2　不同的列表及其应用

1．无序列表

无序列表是一个项目列表，其中的项目使用粗体圆点（典型的小黑圆圈）进行标记。

无序列表由\<ul>和\<li>标签组成，\<ul>标签作为无序列表的声明，\<li>标签作为每个列表项的起始，其结构语法如下所示。

```
<ul>
   <li>第 1 项</li>
   <li>第 2 项</li>
   <li>第 3 项</li>
</ul>
```

注意

遵循 W3C 标准，\<ul>标签里面只能嵌套\<li>标签，不能嵌套其他标签。\<li>标签里可以嵌套任意标签。

示例 1 是使用无序列表实现的一个新闻热搜页面的实例（前面已经对 HTML 文件结构进行过讲解，从本节开始，示例中会省略文档声明和编码方式的代码，请自行补全）。

示例 1

```
<body>
    <h3>热搜</h3>
    <ul>
        <li>明朝那些事你了解吗？</li>
        <li>晚上吃几分饱能减肥</li>
        <li>夏日出游必备攻略</li>
        <li>一线城市楼市退烧</li>
    </ul>
</body>
```

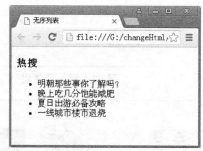

图3.4　无序列表

示例效果如图 3.4 所示。

无序列表的特性：

➢ 没有顺序，每个\<li>标签独占一行（块级元素）；

➢ 默认每个列表项前面有个实心小圆点；

➢ 一般用于无序类型的列表，如导航、侧边栏新闻、有规律的图文组合模块等。

2．有序列表

有序列表也是一个项目列表，其中的项目使用数字进行标记。

有序列表由<ol>和<li>标签组成，<ol>标签作为有序列表的声明，<li>标签作为每个列表项的起始。有序列表嵌套同无序列表一样，只能<ol>标签里嵌套<li>标签。其结构语法如下所示。

```
<ol>
    <li>第 1 项</li>
    <li>第 2 项</li>
    <li>第 3 项</li>
</ol>
```

有序列表的应用如示例 2 所示。

示例 2

```
<body>
<h3>热搜</h3>
<ol>
    <li>明朝那些事你了解吗？</li>
    <li>晚上吃几分饱能减肥</li>
    <li>夏日出游必备攻略</li>
    <li>一线城市楼市退烧</li>
</ol>
</body>
```

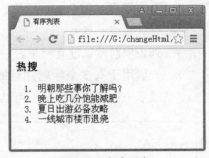

图3.5　有序列表

在浏览器中查看页面效果，如图 3.5 所示。

有序列表的特性：

➤ 有顺序，每个<li>标签独占一行（块级元素）；

➤ 默认每个列表项前面有顺序标记；

➤ 一般用于排序类型的列表，如试卷、问卷选项等。

3．定义列表

定义列表是一种特殊的列表形式，它不仅仅是一列项目，而是项目及其注释的组合。定义列表的语法相对于无序列表和有序列表不太一样，它使用<dl>标签作为列表的开始，使用<dt>标签作为每个列表项的起始，使用<dd>标签来定义每个列表项。其语法结构如下所示。

```
<dl>
    <dt>标题一</dt>
    <dd>第 1 项</dd>
    <dd>第 2 项</dd>
    <dt>标题二</dt>
    <dd>第 1 项</dd>
</dl>
```

定义列表的应用如示例 3 所示。

示例 3

```
<body>
<dl>
    <dt>水果</dt>
```

```
    <dd>苹果</dd>
    <dd>桃子</dd>
    <dd>李子</dd>

    <dt>蔬菜</dt>
    <dd>白菜</dd>
    <dd>黄瓜</dd>
    <dd>西红柿</dd>
  </dl>
</body>
```

在浏览器中查看页面效果，如图 3.6 所示。

定义列表具有如下特性。

图3.6　定义列表

➢ 没有顺序，每个\<dt\>标签、\<dd\>标签独占一行（块级元素）。

➢ 列表项前默认没有标记。

➢ 一般用于有多个标题并且每个标题下有一个或多个列表项的情况，可以参考图 3.7。

公益组织入驻	弱势群体创就业	网商在行动	公益知识库
公益机构开店教程	创业公益通道	设置公益宝贝	什么是淘宝公益网店
公益频道展示规则	残疾人云客服	设置公益广告联盟	什么是公益宝贝
入驻公益拍卖	淘宝公益基金	公益宝贝捐赠发票	公益帮派
入驻公益宝贝			

图3.7　定义列表使用参考

到这里，已经学习了 HTML 中三种列表的使用方式，最后总结一下列表的常用技巧，包括列表使用场合及列表使用中的注意事项。

➢ 无序列表中的每个列表项都是平级的，没有级别高低之分，并且列表项的内容都是相对简单的标题性质的文字；而有序列表则会依据列表项的顺序进行显示。

➢ 在实际的网页中，无序列表比有序列表应用得更加广泛，有序列表一般用于带有顺序编号的特定场合。

➢ 定义列表一般适用于带有标题及解释性内容的场合。

3.1.3　上机训练

上机练习 1——制作热门活动页

需求说明

使用无序列表制作热门活动页，完成效果如图 3.8 所示。

图3.8 热门活动

上机练习2——制作音乐排行榜
需求说明
使用有序列表制作音乐排行榜，完成效果如图 3.9 所示。

图3.9 音乐排行榜

任务2 **表格的结构及语法**

　　表格是块状元素，用于显示表格数据。例如，学校中常见的考试成绩单、选修课课表，企业中常见的工资单等。

3.2.1 使用表格的优点

1．简单通用

由于表格简单的行列结构，以及在生活中的广泛使用，对它的理解和编写都很方便。

2．结构稳定

表格每行的列数通常一致，同行单元格高度一致且水平对齐，同列单元格宽度一致且垂直对齐。这种严格的约束形成了一个不易变形的长方形盒子结构，堆叠排列起来很稳定。

3.2.2 表格的基本结构

先看一看表格的基本结构。表格是由指定数目的行和列组成的，如图 3.10 所示。

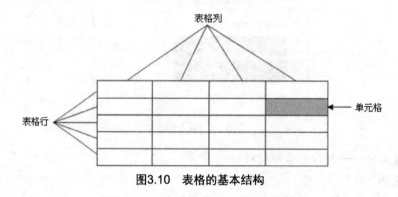

图3.10　表格的基本结构

1．单元格

表格的最小单位，一个或多个单元格纵横排列就组成了表格。

2．行

一个或多个单元格横向堆叠形成行。

3．列

由于表格单元格的宽度必须一致，所以单元格纵向排列形成列。

3.2.3 表格的基本语法

表格由<table>标签定义。每个表格均有若干行（由<tr>标签定义），每行被分割为若干单元格（由<td>标签定义）。表格数据（table data）即单元格的内容。单元格可以包含文本、图片、段落、列表、表单、水平线、表格等。

创建表格的基本语法如下。

```
<table>
    <tr>
        <th>第 1 个单元格的内容</th>
        <th>第 2 个单元格的内容</th>
        ......
    </tr>
```

```
        <tr>
            <td>第 1 个单元格的内容</td>
            <td>第 2 个单元格的内容</td>
        ……
        </tr>
    </table>
```

创建表格一般分为四步。

第一步：创建表格标签<table>…</table>。

第二步：在表格标签<table>…</table>里创建行标签<tr>…</tr>，可以有多行。

第三步：在第一对行标签<tr>…</tr>里创建单元格标签<th>…</th>，可以创建表格标题。

第四步：在其他行标签<tr>…</tr>里创建单元格标签<td>…</td>，可以有多个单元格。

为了显示表格的轮廓，还需要设置<table>标签的 border 边框属性，用于指定边框的宽度。

 注意

在 HTML 的规范里已经把 border 边框属性废除了，这里使用只是为了让读者看到每个单元格的位置。

例如，在页面中添加一个 2 行 3 列的表格，对应的 HTML 代码如示例 4 所示。

示例 4

```
<body>
<table border="2">
        <tr>
            <th>1 行 1 列的标题</th>
            <th>1 行 2 列的标题</th>
            <th>1 行 3 列的标题</th>
        </tr>
        <tr>
            <td>1 行 1 列的单元格</td>
            <td>1 行 2 列的单元格</td>
            <td>1 行 3 列的单元格</td>
        </tr>
        <tr>
            <td>2 行 1 列的单元格</td>
            <td>2 行 2 列的单元格</td>
            <td>2 行 3 列的单元格</td>
        </tr>
</table>
</body>
```

在浏览器中查看页面效果，如图 3.11 所示。

图3.11　创建基本表格

3.2.4　表格的跨行与跨列

上面介绍了简单表格的创建，而现实中的表格往往较复杂，有时就需要把多个单元格合并为一个单元格，也就是要用到表格的跨行与跨列功能。

1．表格的跨列

跨列是指单元格的横向合并，语法如下。

```
<table>
  <tr>
    <td colspan="所跨的列数">单元格内容</td>
  </tr>
</table>
```

col 为 column（列）的缩写，span 为跨度，所以 colspan 的意思为跨列。

下面通过示例 5 来说明 colspan 属性的用法，对应的页面效果如图 3.12 所示。

示例 5

```
<body>
    <table border="1">
      <tr>
        <td colspan="2">学生成绩</td>
      </tr>
      <tr>
        <td>语文</td>
        <td>98</td>
      </tr>
      <tr>
        <td>数学</td>
        <td>95</td>
      </tr>
    </table>
</body>
```

图3.12　跨列的表格

2. 表格的跨行

跨行是指单元格在垂直方向上的合并，语法如下。

```
<table>
  <tr>
    <td rowspan="所跨的行数">单元格内容</td>
  </tr>
</table>
```

row 为行的意思，rowspan 即跨行。

下面通过示例 6 来说明 rowspan 属性的用法，对应的页面效果如图 3.13 所示。

示例 6

```
<body>
    <table border="1">
        <tr>
            <td rowspan="2">张三</td>
            <td>语文</td>
            <td>98</td>
        </tr>
        <tr>
            <td>数学</td>
            <td>95</td>
        </tr>
        <tr>
            <td rowspan="2">李四</td>
            <td>语文</td>
            <td>88</td>
        </tr>
        <tr>
            <td>数学</td>
            <td>91</td>
        </tr>
    </table>
</body>
```

图3.13 跨行的表格

 经验

一般而言，进行跨行或跨列操作时，需要两个步骤。

（1）在需合并的第一个单元格中设置跨列或跨行属性，如 colspan="3"。

（2）删除被合并的其他单元格，即把某个单元格看成是多个单元格合并后的单元格。

3. 表格的跨行与跨列

有时表格中既有跨行又有跨列的情况，从而形成了相对复杂的表格显示，代码如示例 7 所示。

示例 7

```html
<body>
    <table border="1">
      <tr>
          <td colspan="3">学生成绩</td>
      </tr>
      <tr>
          <td rowspan="2">张三</td>
          <td>语文</td>
          <td>98</td>
      </tr>
      <tr>
          <td>数学</td>
          <td>95</td>
      </tr>
      <tr>
          <td rowspan="2">李四</td>
          <td>语文</td>
          <td>88</td>
      </tr>
      <tr>
          <td>数学</td>
          <td>91</td>
      </tr>
    </table>
  </body>
```

在浏览器中查看页面效果，如图 3.14 所示。

图3.14　跨行、跨列表格的综合应用

 经验

　　跨行和跨列以后，并不改变表格的特点，同行的总高度一致，同列的总宽度一致。表格中各单元格的宽度或高度互相影响，结构相对稳定，但缺点是不能灵活地进行布局控制。

3.2.5　上机训练

上机练习 3——制作流量调查表

训练要点

➤ 学会使用表格。

➤ 掌握表格跨行与跨列的用法。

➤ 学会使用表格嵌套制作页面。

需求说明

使用表格标签制作如图 3.15 所示的流量调查表。

图3.15　流量调查表

任务 3 能够使用不同的表单元素布局网页

表单是一个将用户信息组织起来的容器，可以把用户填写的内容放置在表单容器中，当用户单击"提交"按钮的时候，表单会将数据统一发送给服务器。

表单的应用比较常见，典型的应用场景如下。

➢ 登录、注册：登录时填写用户名、密码，注册时填写用户名、电话等个人信息。

➢ 网上订单：在网上购物，一般要求填写姓名、联系方式、付款方式等信息。

➢ 调查问卷：回答对某些问题的看法，以便形成调查数据，方便统计分析。

➢ 网上搜索：输入关键字，搜索想要的信息。

为了方便用户操作，提供了多种表单控件元素，如图 3.16 所示的人人网用户登录页面中，除了最常见的单行文本框之外，还有密码框、复选按钮、提交按钮等。图 3.16 所示的页面就是由一个典型的表单构成的。

图3.16 典型的表单

3.3.1 表单控件的用途

创建表单后，就可以在其中放置表单控件以接受用户的输入。这些控件通常放在 <form>……</form> 之间，也可以在表单之外创建用户界面。在网页上经常会见到各类型的表单控件。例如，让用户输入姓名的单行文本框、让用户输入密码的密码框、让用选择性别的单选按钮，以及让用户提交信息的提交按钮等。

不同的表单控件有不同的用途。如果要求用户输入的仅仅是一些文字信息，如"姓名""备注""留言"等，一般使用单行文本框或多行文本框；如果要求用户在指定的范围内做出选择，一般使用单选按钮、复选框和下拉列表框；如果要把填写好的表单信息提交给服务器，一般使用提交按钮。除此之外，还有一些不太常用的表单控件，这里就不一一列举了。

3.3.2 表单标签及表单属性

在 HTML 中，使用<form>标签来创建表单，该标签只在网页中创建表单区域，属于容器标签，其他表单标签需要放在它的范围内才有效，<input>便是其中之一，用于设定各种输入资料的方法。表单标签有两个常用的属性，如表 3-1 所示。

表 3-1 <form>标签的属性

属　　性	说　　明
action	指示服务器上处理表单输出的程序。一般来说，当用户单击表单上的"提交"按钮后，信息发送到 Web 服务器上，由 action 属性指定的程序处理。语法为 action = "URL"。如果 action 属性的值为空，则默认将表单提交到本页
method	告诉浏览器如何将数据发送给服务器，指定向服务器发送数据的方法。语法为 method = (get | post)

下面制作一个最基本的表单，然后使用 post 方法将表单提交给 "result.html" 页面，代码如示例 8 所示。

示例 8

```
<form   method="post" action="result.html">
<p>   名字：<input name="name" type="text" />   </p>
<p>   密码：<input name="pass" type="password" />   </p>
<p>
       <input type="submit" name="Button" value="提交"/>
       <input type="reset" name="Reset" value="重填"/>
</p>
</form>
```

在浏览器中查看示例 1 的页面效果，如图 3.17 所示。

在示例 8 中，若把 method="post"改为 method="get"，就变成了使用 get 方法将表单提交给 "result.html" 页面处理。这两种方法都是将表单数据提交给服务器上指定的程序处理，那么有什么区别呢？

先来看看采用 post 和 get 方法提交表单信息后浏览器地址栏的变化。

图3.17 简单的表单

➢ 以 post 方法提交表单，在"名字"和"密码"输入框中分别输入用户名 lucker 和密码 123456，单击"提交"按钮，页面效果如图 3.18 所示。

> 地址栏中的 URL 信息并没有发生变化，这就是以 post 方法提交表单的特点。

➢ 以 get 方法提交表单，在页面单击"提交"按钮，页面效果如图 3.19 所示。

图3.18　以post方法提交表单

图3.19　以get方法提交表单

采用 get 方法提交表单信息之后，浏览器地址栏中的 URL 信息会发生变化。仔细观察不难发现，在 URL 信息中清晰地显示出表单提交的数据内容，即刚刚输入的用户名和密码都出现在地址栏中。

通过对比图 3.18 和图 3.19，可以发现两种提交方法的区别如下。

（1）使用 post 方法提交，地址栏状态不会改变，表单数据不会显示。

（2）使用 get 方法提交，地址栏状态会发生变化，表单数据会在 URL 信息中显示。

基于以上两点区别可知，post 方法提交数据的安全性要明显高于 get 方法提交的数据。因此在日常开发中，建议大家尽可能采用 post 方法提交表单数据。

3.3.3　表单元素及格式

用户注册时，需要输入很多信息，而装载这些信息的控件，就称为表单元素。有了表单元素，表单才会有意义。那么如何在表单中添加表单元素呢？其实添加方法很简单，就是使用<input>标签，如示例 8 中就使用<input>标签实现了向表单添加文本输入框、提交按钮、重置按钮的功能。

<input>标签有很多属性，一些比较常用的属性，如表 3-2 所示。

表 3-2　<input>元素的属性

属　　性	说　　明
type	指定表单元素的类型。可选项有 text、password、checkbox、radio、submit、reset、file、hidden、image 和 button。默认为 text
name	指定表单元素的名称。如果表单上有多个文本框，可以按名称来标识它们，如 username、phone 等
value	可选属性，指定表单元素的初始值。如果 type 为 radio，则必须指定一个值
size	指定表单元素的初始宽度。如果 type 为 text 或 password，则表单元素的宽度以字符为单位。对于其他输入类型，宽度以像素为单位
maxlength	用于指定可在 text 或 password 元素中输入的最大字符数。默认值为无限大
checked	指定按钮是否被选中。当输入类型为 radio 或 checkbox 时，会用到这个属性

到目前为止，我们已经知道了如何在页面中添加表单，也掌握了如何向表单中添加表单元素，那么这些表单元素该如何使用呢？下面选取几个常用的表单元素，逐一学

习其类型及常用属性。

1．文本框

最常用的表单输入元素就是文本框（text），它用于输入单行文本信息，如用户名。若要在表单里创建一个文本框，将表单元素的 type 属性设为 text 就可以了。

示例 9

```
<form method="post" action="">
        <p>名字：<input type="text" value="" name="fname"/> </p>
        <p>姓氏：<input name="lname" value="张" type="text"/></p>
        <p>登录名：<input name="sname" type="password" size="30"/></p>
</form>
```

 问答

> 问题：为什么可以在<p>标签里嵌套文字和 input 元素？

> 解答：因为<p>标签是块级元素，可以独占一行，能使"姓氏"和"登录名"作为独立的两块，不排在一行。

在示例 9 的代码中还分别使用 size 属性和 value 属性对登录名的长度及姓氏的默认值进行了设置，在浏览器中查看示例 9 的页面效果，如图 3.20 所示。

还可以使用 maxlength 属性指定在文本框中允许输入的数据长度。例如，要求登录名的长度不得超过 20 个字符，代码如下。

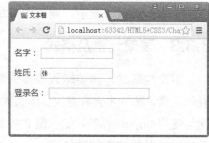

```
<p>登录名：
    <input   name="sname"   type="text"   size="30"
maxlength="20"/>
</p>
```

图3.20 文本框的效果

上面代码的设置结果是，文本框显示的长度为 30，而允许输入的最多字符个数为 20。

对于 size 属性和 maxlength 属性，一定要能够严格地加以区分，size 属性用于指定文本框的显示长度，而 maxlength 属性用于指定文本框允许输入的数据长度。

2．密码框

在一些特殊情况下，用户希望输入的数据被隐藏，以免被他人看到，如密码。这时使用文本框就无法满足要求，需要使用密码框（password）来完成。

密码框与文本框类似，区别在于需要设置表单元素的 type 属性为 password。设置了 type 属性之后，在密码框输入的字符将全部以黑色实心的圆点来显示，从而实现了对数据的隐藏。

示例 10

```
<form method="post" action="">
        <P>用户名：
            <input name="name" type="text" size="21"/>
        </P>
```

```
        <P>密码：
            <input name="pass" type="password" size="22"/>
        </P>
    </form>
```

运行示例 10 的代码，输入密码 123456，页面显示效果如图 3.21 所示。

图3.21　密码框的效果

 问答

➢　问题：密码框能保证输入数据的安全吗？

➢　解答：不能，密码框仅仅能使周围的人看不见输入的符号，并不能保证输入数据的安全。为了使数据更加安全，应该加强人为管理，采用数据加密技术等。

3．单选按钮

单选按钮（radio）控件用于一组相互排斥的值，组中的每个单选按钮控件具有相同的名称，用户一次只能选择一个选项。只有从组中选定的单选按钮才会提交其对应的数值，因此在使用单选按钮时，需要一个显式的 value 属性。

示例 11

```
<form method="post" action="">
    性别：
    <input name="gen" type="radio" class="input" value="男"/>男
    <input name="gen" type="radio" value="女" class="input"/>女
</form>
```

运行示例 11 的代码，在浏览器中预览效果，如图 3.22 所示。

如果希望在页面加载时，单选按钮有一个默认的选项，那么可以使用 checked 属性。例如，设置性别选项默认选中"男"，则修改代码如下。

```
<input name="gen" type="radio" class="input" value="男"  checked />男
```

此时，再次运行示例 11，则页面效果如图 3.23 所示。

图3.22　单选按钮效果　　　　图3.23　使用checked属性设置默认选项

4．复选框

复选框（checkbox）与单选按钮有些类似，只不过复选框允许用户一次选择多个选项。复选框的命名与单选按钮有些区别，既可以多个复选框使用相同的名称，也可以各自具有不同的名称，关键是看如何使用复选框。用户可以选中某个复选框，也可以取消选中。一旦用户选中了某个复选框，在表单提交时，会将该复选框的 name 值和对应的 value 值一起提交。

示例 12

```
<form method="post" action="">
    爱好：
    <input type="checkbox" name="interest" value="sports"/>运动
    <input type="checkbox" name="interest" value="talk"/>聊天
    <input type="checkbox" name="interest" value="play"/>玩游戏
</form>
```

运行示例 12 的代码，在浏览器中预览效果，如图 3.24 所示。

与单选按钮一样，复选框也可以设置默认选项，同样使用 checked 属性进行设置。例如，将爱好中的"运动"选项默认选中，则代码修改如下。

```
<input type="checkbox" name="cb1" value="sports" checked/>运动
```

运行效果如图 3.25 所示。

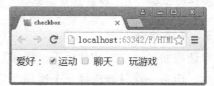

图3.24 复选框效果　　　　　图3.25 设置默认选中的复选框

技巧

　　单选按钮应具有相同的名称，便于互斥选择；而复选框的名称则要根据应用环境来确定是否相同。通常情况下，如果选项之间是并列关系，就需要设置为相同的名称，以便能够同时获取。例如，一个人有多个兴趣爱好，将复选框设置为相同名称，在提交数据时就能够一次性得到所有选择的兴趣爱好选项；否则，每个选项都需要单独进行读取，从而降低了效率。

5. 下拉列表框

下拉列表框（select）主要供用户快速、方便、正确地选择一些选项，可以节省页面空间，它是通过<select>标签和<option>标签来实现的。<select>标签用于显示可供用户选择的选项列表，每个选项由一个<option>标签表示，<select>标签必须至少包含一个<option>标签。语法如下。

```
<select name="指定列表名称" size="行数">
    <option value="可选项的值" selected>……</option>
    <option value="可选项的值">……</option>
</select>
```

其中，在有多个选项可供用户滚动查看时，size 确定列表中可同时看到的选项数；

selected 表示该选项在默认情况下是被选中的，一个下拉列表框中只能有一个列表项默认被选中，如同单选按钮组那样。

示例 13

```
<form method="post" action="">
出生日期:
        <input type="text" name="byear" value="yyyy" size="4" maxlength="4"/>年
            <select name="bmon">
                <option value="">[选择月份]</option>
                <option value="1">一月</option>
                <option value="2">二月</option>
                <option value="3">三月</option>
                <option value="4">四月</option>
                <option value="5">五月</option>
                <option value="6">六月</option>
                <option value="7">七月</option>
                <option value="8">八月</option>
                <option value="9">九月</option>
                <option value="10">十月</option>
                <option value="11">十一月</option>
                <option value="12">十二月</option>
            </select> 月
        <input type="text" name="bday" value="dd" size="2" maxlength="2" /> 日
</form>
```

运行示例 13 的代码，在浏览器中预览效果，如图 3.26 所示。

下拉列表框中添加的 option 选项会按照顺序排列，如果希望默认显示其中某个选项，就需要使用 selected 属性。例如，月份默认显示十月，则相应代码修改如下。

`<option value="10" selected>十月</option>`

设置了 selected 属性后，则下拉列表会默认显示十月，如图 3.27 所示。

图3.26　下拉列表框效果

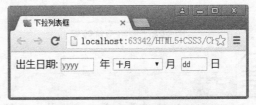

图3.27　设置下拉列表的默认显示

6．按钮

按钮在表单中经常用到，主要分为三种，分别是普通按钮（button）、提交按钮（submit）

和重置按钮（reset）。普通按钮用来响应 onclick 事件，提交按钮用来提交表单信息，重置按钮用来清除表单中已填信息。语法如下。

```
<input type="reset" name="Reset" value=" 重填"/>
```

其中，type="button"表示是普通按钮，type="submit"表示是提交按钮，type="reset"表示是重置按钮。name 用来给按钮命名，value 用来设置在按钮上显示的文字。

示例 14

```
<form method="post" action="">
    <P>用户名：<input name="name" type="text"/> </P>
    <P>密码：<input name="pass" type="password"/></P>
    <P>
        <input    type="reset" name="butReset" value="reset 按钮"/>
        <input    type="submit" name="butSubmit" value="submit 按钮"/>
        <input    type="button" name="butButton" value="button 按钮"
        onclick="alert(this.value)"/>
    </P>
</form>
```

运行示例 14 的代码，在浏览器中预览效果，如图 3.28 所示。

示例 14 中的按钮，各自的作用不同，区别如下。

（1）reset 按钮：用户单击该按钮后，不论表单中是否已经填写或输入数据，各个表单元素都会被重置到最初状态，填写或输入的数据将被清空。

（2）submit 按钮：用户单击该按钮后，表单将会提交到 action 属性指定的 URL，并传递表单数据。

（3）button 按钮：属于普通按钮，需要与事件关联使用。在示例 14 的代码中，为普通按钮添加了一个 onclick 事件，当用户单击该按钮时，将会显示该按钮的 value 值，页面效果如图 3.29 所示。

图3.28　按钮预览效果

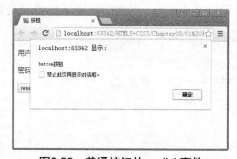

图3.29　普通按钮的onclick事件

说明

onclick 事件是表单元素被单击时触发的事件。在事件中可以调用相应的脚本代码，执行一些特定的客户端程序。

在页面中按钮的显示样式并不美观，所以在实际开发过程中，往往会使用图片按钮来代替，如图 3.30 所示。

实现图片按钮效果的方法有多种，比较简单的方法就是配合使用 type 和 src 属性，如下所示。

<input　type="image"　src="images/login.gif" />

需要注意：这种方式实现的图片按钮比较特殊，虽然 type 属性没有设置为 submit，但仍然具备提交功能。

图3.30　图片按钮的效果

7．多行文本域

当需要在网页中输入两行或两行以上的文本时，应该怎么办？显然，前面学过的文本框和其他表单元素都不能满足要求，这就要用到多行文本域（textarea）。语法如下。

<textarea　name="textarea"　cols="显示的列数 rows="显示的行数">
　　文本内容
</textarea>

其中，cols 属性用来指定多行文本域的列的宽度，rows 属性用来指定多行文本域的行数。在<textarea>……</textarea>标签对中不能使用 value 属性来赋初值。

示例 15

```
<form method="post" action="">
    <h4>填写个人评价 </h4>
    <P>
        <textarea　name="textarea"　cols="40"　rows="6">
            自信、活泼、善于思考...
        </textarea>
    </P>
</form>
```

运行示例 15 的代码，在浏览器中预览效果，如图 3.31 所示。

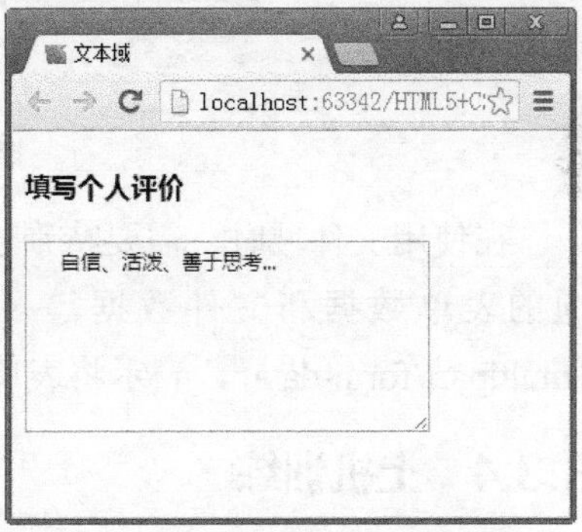

8．文件域

文件域（file）的作用是实现文件的选择，在应用时只需把 type 属性设为 file 即可。在实际开发中，文件域通常用于文件的上传，如选择需要上传的文本、图片等。

图3.31　多行文本框效果

示例 16

```
<form action="" method="post" enctype="multipart/form-data">
    <p><input type="file" name="files" /><br/>
    <input type="submit" name="upload" value="上传" /></p>
</form>
```

运行示例 16 的代码，在浏览器中预览效果，如图 3.32 和图 3.33 所示。

文件域在不同浏览器中的显示效果不一样，但功能是一样的，如果想要它在不同浏览器下的显示效果一样，可以使用 CSS 样式进行修改。

图3.32　Chrome浏览器下文件域的显示效果　　图3.33　IE浏览器下文件域的显示效果

如图 3.32 和图 3.33 所示，文件域会创建一个不能输入内容的地址文本框和一个"浏览"按钮或"选择文件"按钮。单击"选择文件"按钮或"浏览"按钮，将会弹出"打开"对话框，选择文件后，路径将显示在地址文本框中，执行的效果如图 3.34 所示。

图3.34　文件域与上传操作

在使用文件域时，需要特别注意，包含文件域的表单提交时，由于表单数据包括普通的表单数据和文件数据等多部分，所以必须设置表单的 enctype 编码属性为"multipart/form-data"，表示将表单数据分成多部分提交。

3.3.4　上机训练

上机练习 4——制作人人网注册页面
需求说明
（1）制作如图 3.35 所示的人人网注册页面。
（2）注册邮箱、密码、姓名和验证码最多能容纳的字符数分别是 50、16、8 和 5。
（3）默认情况下，性别中的"男"处于选中状态。
（4）生日下拉列表中默认显示 1991 年 11 月 30 日。
（5）提交按钮使用素材中提供的图片代替。

图3.35 人人网注册页面

上机练习 5——制作阿里巴巴会员注册页面

需求说明

（1）制作如图 3.36 所示的阿里巴巴会员注册页面。

（2）电子邮箱、会员登录名、密码最多能容纳 32 个字符，验证码最多能容纳 5 个字符。

（3）默认情况下，会员身份中的"买家"处于选中状态。

（4）提交按钮使用素材中提供的图片代替。

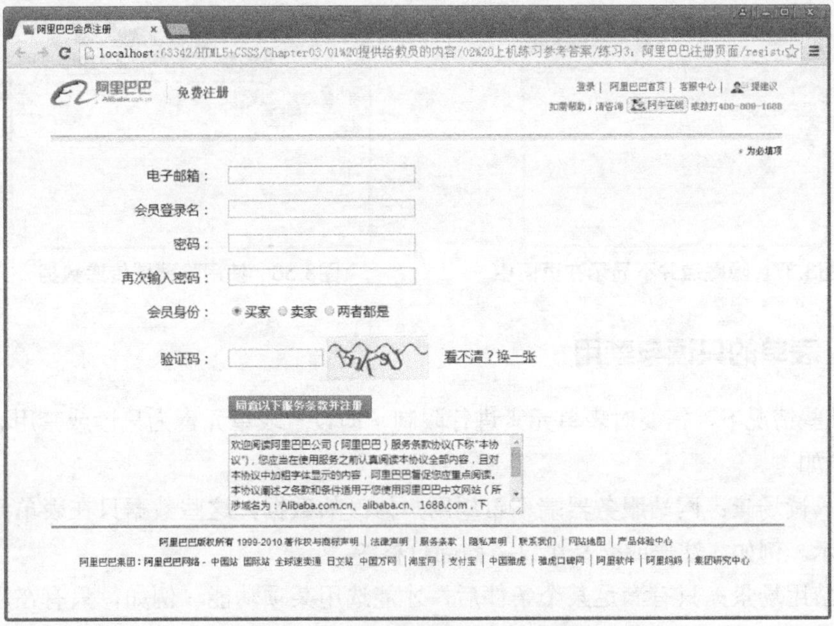

图3.36 阿里巴巴会员注册页面

任务 4 理解表单的高级应用

3.4.1 表单的隐藏域

网站服务器端发送到客户端（用户计算机）的信息，除了用户直观看到的页面内容外，还包含一些"隐藏"信息。例如，用户登录后的用户名、用于区别不同用户的用户ID 等。这些信息对用户可能没用，但对网站服务器有用。所以一般会被"隐藏"起来，而不在页面中显示。

将 type 属性设置为 hidden 即可创建一个隐藏域。例如，可以在登录页面中使用隐藏域保存用户的 userid 信息，代码如示例 17 所示。

示例 17

```
<form action="" method="get">
    <P>用户名：<input name="name" type="text"/></P>
    <P>密码：<input name="pass" type="password"/></P>
    <p><input type="submit" value="提交"/></p>
    <p><input type="hidden" value="666" name="userid"/></p>
</form>
```

页面显示的效果如图 3.37 所示。

在图 3.37 中无法看到隐藏域的存在，但是通过查看页面源代码可以看到。为了验证隐藏域中的数据能够随表单一同提交，将表单的提交方式改为 get，单击提交按钮，就可以从地址栏中查看到隐藏域的数据，如图 3.38 所示。

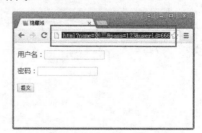

图3.37 隐藏域并不显示在页面中   图3.38 使用隐藏域传递数据

3.4.2 表单的只读与禁用

在某些情况下，需要对表单元素进行限制，即设置表单元素为只读或禁用。常见的应用场景如下。

➢ 只读场景：网站服务器端不希望用户修改的数据，这些数据只在表单元素中显示。例如，注册或交易协议、商品价格等。

➢ 禁用场景：只有满足某个条件后，才能选用某项功能。例如，只有在用户同意注册协议后，才允许单击"注册"按钮；播放器控件处于播放状态时，不能单击"播放"按钮等。

只读和禁用效果分别通过 readonly 和 disabled 属性来实现。例如，要实现对文本框只读、对按钮禁用效果，如图 3.39 所示，对应的代码如示例 18 所示。

示例 18

```
<form action="" method="get">
    <P>用户名：<input name="name" type="text" value="张三" readonly/></P>
    <P>密码：<input name="pass" type="password"/></P>
    <p><input type="submit" value="修改" disabled/></p>
</form>
```

在图 3.39 中，用户名采用了默认设置的方式，并且无法修改。而提交按钮采用了禁用的设置，按钮呈浅色显示，表示无法使用。

通常只读属性用于不希望用户对数据进行修改的场合，而禁用属性可以配合其他控件使用。最常见的就是在安装程序时，如果用户未选中"同意安装许可协议"复选框，则"安装"或"下一步"按钮无法使用。

图3.39　设置只读和禁用属性

> **规范**
>
> 在 W3C 的 HTML 标准中，规定布尔类型的属性值可以省略。
>
> 例如，下拉列表框的默认选中应写为 selected，而不是 selected="selected"。默认 selected 属性值为 true。同理，复选框的默认选中应写为 checked，只读应写为 readonly，禁用应写为 disabled。

3.4.3　表单元素的标注

对表单元素进行标注的目的就是增强鼠标的可用性。因为使用表单元素标注时，在客户端呈现的效果不会有任何特殊。但当用户使用鼠标单击标注的文本内容时，浏览器会自动将焦点转移到与该标注相关的表单元素上。

对表单元素进行标注需要使用<label>标签，该标签的语法如下。

```
<label for="表单元素的 id">标注的文本</label>
```

在<label>标签中，使用 for 属性指定了当鼠标单击标注文本时焦点对应的表单元素。下面通过示例 19 进行说明。

示例 19

```
<form>
    请选择性别：
    <label for="male">男</label>
    <input type="radio" name="gender" id="male"/>
    <label for="female">女</label>
    <input type="radio" name="gender" id="female"/>
</form>
```

在示例 19 的代码中，对于表单元素而言，其 name 属性与 id 属性都是必需的。name 属性由表单负责处理，而 id 属性是供<label>标签和表单元素进行关联时使用的。

图3.40　使用<label>标签进行标注

运行示例 19 的代码，在浏览器中的页面效果如图 3.40 所示。

在图 3.40 中，用户选择性别时，可以不单击单选按钮，而是单击与单选按钮对应的文本。例如，用鼠标单击文本"男"，则性别男对应的单选按钮被自动选中。

说明

如果将计算机系统的显示风格设置为相对明亮或鲜艳，可以发现当鼠标移动到标注文本上方时，对应的单选按钮样式会有所改变，表示焦点已经移动到该按钮上，这时只要用户单击文本，按钮也随之获得实际的焦点。

3.4.4　上机训练

上机练习6——完善人人网注册页面
需求说明

（1）制作如图 3.41 所示的人人网注册页面。

（2）邮箱文本框中的默认文本为"student@bdqn.cn"，且文本框不可修改。

（3）单击"电子邮箱""设置密码""真实姓名""验证"时，鼠标的光标移动到对应的文本框里。

（4）单击"男"选中对应的单选按钮，"女"同理。

（5）选择身份的下拉列表框被禁止使用。

图3.41　人人网注册页面

→ 本章作业

一、选择题

1. (   ) 不是有序列表的属性。

    A. 列表项间没有顺序

    B. 每条列表项独占一行

    C. 列表项前面显示数字

    D. 适用于导航、侧边栏新闻、有规律的图文组合模块等

2. 表格的基本语法结构是 (   )。

    A. \<table>\<td>\<tr>\</tr>\</td>\</table>

    B. \<table>\<td>\</tr>\<tr>\</td>\</table>

    C. \<tr>\<table>\<td>\</td>\</table>\</tr>

    D. \<table>\<tr>\<td>\</td>\</tr>\</table>

3. 表格宽度或高度的特点是 (   )。（多选）

    A. 各列宽度一致，各行高度一致

    B. 各行宽度一致，各列单元格高度一致

    C. 同列单元格宽度一致，且垂直对齐

    D. 同行单元格高度一致，且水平对齐

4. 列表框的默认选择属性符合规范的写法为 (   )。

    A. selected="selected"

    B. selected

    C. checked="checked"

    D. checked

5. 下面的 HTML 代码中，表示图片按钮的是 (   )。

    A. \<input type="image" src="btn.gif" />

    B. \<img type="submit" src="btn.gif" />

    C. \<input type="submit" value="提交" />

    D. \<input type="img" src="btn.gif" />

二、简答题

1. 无序列表、有序列表和定义列表适用的场合分别是什么？

2. 本章学习的表单元素有哪些？

3. 请用 HTML 实现如图 3.42 所示的申请表表单。相关要求如下。

➢ 教育程度默认选中硕士。

➢ 国籍有美国、澳大利亚、日本、新加坡等选项，默认选中澳大利亚。

➢ 单击文字，相应的输入框得到焦点。

4. 制作品牌全知道页面，效果如图 3.43 所示。

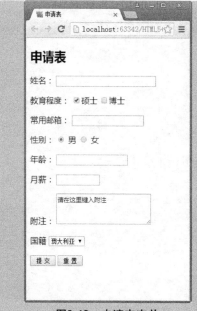

图3.42　申请表表单

图3.43　品牌全知道页面

5．使用列表制作家用电器商品分类页面，效果如图 3.44 所示。

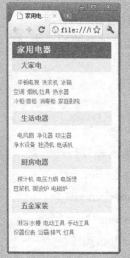

图3.44　家用电器商品分类页面

作业答案

第 4 章

盒子模型的应用

任务：掌握盒子模型在网页中的应用

❖ 理解盒子模型及其构成
❖ 掌握盒子模型尺寸的算法
❖ 掌握盒子模型的两种解析方式

本章知识梳理

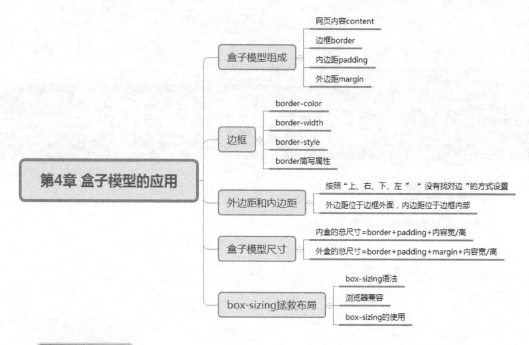

本章简介

在制作网页的过程中，处处都会用到盒子模型，那么盒子模型都包括什么呢？本章将由浅入深地介绍盒子模型。

我们在上网时，暂且看不出盒子模型在页面中的应用，但是经过本章的学习，掌握了盒子模型的概念及用法，再看网上的页面时，会惊奇地发现，盒子模型在网页上的应用无处不在。

盒子模型是 CSS 控制页面的一个很重要的概念。只要用到 div 布局页面，那么必然会用到盒子模型。所以掌握了盒子模型的属性及用法，才能真正地控制好页面中的各个元素。

本章主要介绍盒子模型的基本概念，盒子模型的边框、内边距和外边距，以及它们在网页中的实际应用。

预习作业

1．简答题

（1）如何设置一个下边框样式为 1px 的蓝色虚线的<li>标签？

（2）如何计算盒子模型的总尺寸？

2．编码题

浏览网上内容，选取一个商品分类页面或新闻列表页面，使用本章学习的盒子模型属性制作出来。要求如下：

（1）使用边框属性。

（2）使用外边距属性。

（3）使用内边距属性。

任务　掌握盒子模型在网页中的应用

盒子模型是网页制作中的一个重要知识点。在使用 DIV+CSS 制作网页的过程中，无时无刻都在应用着盒子模型。那么什么是盒子模型呢？

4.1.1　盒子模型的介绍

在学习盒子模型之前，先来看一个生活中的例子。假如墙上排列着几幅画，如图 4.1 所示。对于每幅画来说，都有一个"边框"，在英文中称为 border；每幅画中，画和边框通常都会有一定的距离，这个距离称为"内边距"，在英文中称为 padding；每幅画之间也不是紧挨着的，而是存在一些距离，称为"外边距"，在英文中称为 margin。

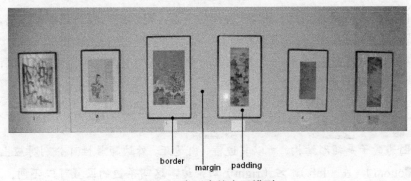

border　　margin　　padding

图4.1　生活中的盒子模型

这种形式广泛存在于我们的生活中，如电视机、显示器和窗户等。因此，padding-border-margin 模型是一个极其通用的描述矩形对象布局形式的方法。这些矩形对象被统称为"盒子"，英文为 box。

同样，在网页中，为了使纷繁复杂的各个部分合理地组织在一起，也可以使用"盒子模型"的方式来布局。

在 CSS 中，一个独立的盒子模型由网页内容（content）、边框（border）、内边距（padding）、外边距（margin）四部分组成，如图 4.2 所示。

（1）网页内容（content）：位于最中间，是网页的主要显示内容，对应图 4.1 来说就是画本身。

（2）边框（border）：位于内边距外面，如果没有内边距就是包着网页内容的外框。边框一般具有一定的厚度，对于图 4.1 来说就是画框。

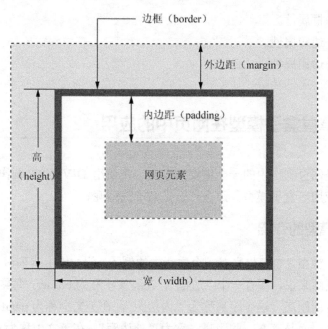

图4.2 盒子模型

（3）内边距（padding）：位于边框内部的空隙，是网页内容与边框的距离，对于图4.1来说就是画框和画之间的空隙。

（4）外边距（margin）：位于边框外部的空隙，是边框与周围事物的距离，对于图4.1来说就是每幅画之间的空隙。

> **⚠ 注意**
>
> 因为盒子是矩形结构，所以其边框、内边距、外边距属性可分别对应上（top）、下（bottom）、左（left）、右（right）四条边，这四条边的设置可以不同。

盒子模型的概念非常容易理解，但是如果需要对网页精确排版，有可能1px都不能差，这就需要非常精确地理解盒子模型宽度和高度的计算，后面会详细讲解。

我们已经了解了盒子模型的基本概念及其构成，下面着重介绍盒子模型的几个属性。在以后的页面制作中，游刃有余地应用这些属性，就能制作出精美的网页。

4.1.2 边框的使用

边框（border）有三个属性，分别是color（颜色）、width（粗细）和style（样式）。在网页中设置边框样式时，常常需要将这三个属性很好地配合起来，才能得到良好的页面效果。在CSS中，分别使用border-color、border-width和border-style来设置边框的颜色、粗细和样式。

1. border-color

border-color的设置方法与文本的color属性或background-color属性完全一样，也是使用十六进制,如红色为#FF0000。当然也可以使用 RGBA 的颜色表示方法。

盒子模型有上下左右四个边框,在设置边框颜色时,可以按照上右下左的顺序来设置四个边框的颜色,也可以同时设置四个边框的颜色。border-color 属性的设置方式如表 4-1 所示。

表 4-1 border-color 属性设置方法

属 性	说 明	示 例
border-top-color	设置上边框颜色	border-top-color:#369;
border-right-color	设置右边框颜色	border-right-color:#369;
border-bottom-color	设置下边框颜色	border-bottom-color:#FAE45B;
border-left-color	设置左边框颜色	border-left-color:#EFCD56;
border-color	设置四个边框为同一颜色	border-color:#EEFF34;
	设置上下边框颜色为#369、左右边框颜色为#000	border-color:#369 #000;

经验

使用 border-color 属性同时设置四条边框的颜色时,设置顺序按照顺时针方向"上、右、下、左",属性值之间以空格隔开。没有设置属性值的边框找对边即可。

例如,border-color:#369 #000 #F00 #00F;四个属性值按"上、右、下、左"依次对号入座。#369 对应上边框,#000 对应右边框,#F00 对应下边框,#00F 对应左边框。

例如,border-color:#369 #000 #F00;三个属性值按"上、右、下、左"依次对号入座。#369 对应上边框,#000 对应右边框,#F00 对应下边框,到左边框的时候没有属性值了,这时候找它的对边。"左"的对边是"右",所以#000 对应左边框。

以后无论给出几个属性值都按照"上、右、下、左""没有找对边"的方式去对应即可。

2. border-width

border-width 用来指定边框的粗细程度,取值有 thin、medium、thick 和像素值。

➢ thin:设置细的边框。

➢ medium:默认值,设置中等的边框,一般的浏览器都将其解析为2px。

➢ thick :设置粗的边框。

➢ 像素值:具体的数值,用于自定义边框的宽度,如 1px、5px 等。使用像素为单位设置边框粗细程度,是网页中最常用的一种方式。

border-width 属性用法与 border-color 属性一样,也是既可以分别设置四个边框的粗细,也可以同时设置四个边框的粗细。下面以像素值设置为例,具体如表 4-2 所示。

表 4-2　border-width 属性设置方法

属　　性	说　　明	示　　例
border-top-width	设置上边框粗细为 5px	border-top-width:5px;
border-right-width	设置右边框粗细为 10px	border-right-width:10px;
border-bottom-width	设置下边框粗细为 8px	border-bottom-width:8px;
border-left-width	设置左边框粗细为 22px	border-left-width:22px;
border-width	四个边框粗细都为 5px	border-width:5px;
	上下边框粗细为 20px 左右边框粗细为 2px	border-width:20px 2px;
	上边框粗细为 5px 左右边框粗细为 1px 下边框粗细为 6px	border-width:5px 1px 6px;
	上、右、下、左边框粗细分别为 1px、3px、5px、2px	border-width:1px 3px 5px 2px;

3．border-style

border-style 用来指定边框的样式，取值有 none、hidden、dotted、dashed、solid、double、groove、ridge 和 outset 等，其中，none、dotted、dashed、solid 在实际网页制作中经常用到，none 表示无边框，dotted 表示点线边框，dashed 表示虚线边框，solid 表示实线边框。由于 dotted 和 dashed 在大多数浏览器中显示为实线，因此在实际网页应用中，考虑到浏览器之间的兼容性，常使用 none 和 solid。其他取值在这里不再详细讲解。

border-style 属性用法与 border-color 和 border-width 属性一样，也是既可以分别设置四个边框的样式，也可以同时设置四个边框的样式。border-style 属性的具体设置方法如表 4-3 所示。

表 4-3　border-style 属性设置方法

属　　性	说　　明	示　　例
border-top-style	设置上边框为实线	border-top-style:solid;
border-right-style	设置右边框为实线	border-right-style:solid;
border-bottom-style	设置下边框为实线	border-bottom-style:solid;
border-left-style	设置左边框为实线	border-left-style:solid;
border-style	设置四个边框均为实线	border-style:solid;
	上下边框为实线 左右边框为点线	border-style:solid dotted;
	上边框为实线 左右边框为点线 下边框为虚线	border-style:solid dotted dashed;
	上、右、下、左边框分别为实 线、点线、虚线、双线	border-style:solid dotted dashed double;

4．边框属性简写

以上讲解了边框的 border-color、border-width、border-style 三个属性的设置方法，利

用这三个属性可以设置边框的颜色、粗细和样式。在实际的网页制作中，通常使用
border-top、border-right、border-bottom 和 border-left 单独设置各个边框的样式。例如，
设置某网页元素的下边框为红色、9px、虚线显示，代码如下。

　　border-bottom: 9px #F00 dashed;

经验

　　　同时设置三个属性时，border-color、border-width、border-style 的顺序没有限
　　制，可以按任意顺序，但是通常的顺序为粗细、颜色和样式。

　　同时设置一条边框的三个属性的问题解决了，如果四个边框的样式相同，需要同时
设置四个边框的样式，该怎么办呢？其实很简单，可以直接使用 border 属性设置四个边
框的样式，代码如下所示。

　　border: 9px #F00 dashed ;

　　这句代码表示某网页元素的四个边框均为红色、9px、虚线显示。同时设置四个边框
的三个属性时，这三个属性的顺序也没有限制，并且使用 border 属性同时设置四个边框
的样式也是网页制作中经常用到的方法。

　　我们上网时看到的注册、登录、问卷调查页面中的文本输入框的样式都是经过美化
的，都使用了 border 属性。下面通过示例 1 来学习 border 的用法，制作一个登录页面，
代码如下所示。

示例 1

　　首先编写 HTML 代码，把登录表单内容放在一个边框为实线、蓝色的<div>中，标
题使用<h2>标签实现，登录内容放在表单中，关键代码如下所示。

```
......
<style>
    .box{
        width: 298px;                   /* 盒子宽度 298px*/
        border:1px solid #3a6587;       /* 设置盒子边框*/
    }
    h2{
        font-size:16px;                 /* 设置标题字体*/
        background-color:#3a6587;       /* 设置标题背景颜色*/
        height:35px;                    /* 设置标题高度*/
        line-height:35px;               /* 设置标题行高*/
        color:#FFF;                     /* 设置标题字体颜色*/
    }
    form{
        background: #c8ece3;            /* 设置表单背景颜色*/
    }
div:nth-of-type(1) input{
        border: 3px solid black;  /* 第一个 div 下面的 input 元素设置边框 3px、实线、黑色*/
```

```
        }
        div:nth-of-type(2) input{
                border: 1px dashed red;    /*  第二个 div 下面的 input 元素设置边框 1px、虚线、红色*/
        }
        div:nth-of-type(3) input{
                border: 2px dotted red;     /*  第三个 div 下面的 input 元素设置边框 2px、点线、红色*/
        }
    </style>
</head>
    <body>
    <div class="box">
        <h2>会员登录</h2>
        <form action="#">
            <div>
                <strong class="name">姓名：</strong><input type="text"/>
            </div>
            <div>
                <strong class="name">邮箱：</strong><input type="text"/>
            </div>
            <div>
                <strong class="name">电话：</strong><input type="text"/>
            </div>
        </form>
    </div>
    </body>
```
……

在浏览器中查看的页面效果如图 4.3 所示。

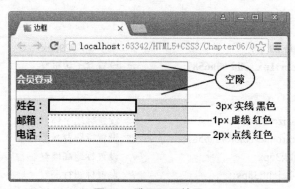

图4.3 登录页面效果

从上面的 HTML 代码中可以看到，<h2>标签与它外层的<div>标签，以及下面的
<form>标签之间均无内容，可是页面显示却出现了空隙，为什么呢？原因就是<h2>标签
的外边距使得它与上下内容之间有了空隙，下面就开始学习外边距。

4.1.3 外边距的使用

外边距（margin）位于盒子边框之外，是指与其他盒子之间的距离，也就是网页中元素与元素之间的距离。例如，图 4.3 中标题与<div>上边框之间的距离、标题与下方表单之间的距离都是由<h2>的外边距产生的。从图中也可以看到页面内容并没有紧贴浏览器，而是与浏览器有一定的距离，这是因为 body 本身也是一个盒子，也有一个外边距，这个距离就是由 body 的外边距产生的。

外边距与边框一样，也分为上外边距、右外边距、下外边距、左外边距，设置方式和设置顺序也基本相同，具体属性设置如表 4-4 所示。

表 4-4 外边距属性设置方法

属 性	说 明	示 例
margin-top	设置上外边距	margin-top:1px;
margin-right	设置右外边距	margin-right:2px;
margin-bottom	设置下外边距	margin-bottom:2px;
margin-left	设置左外边距	margin-left:1px;
margin	设置上、右、下、左外边距分别为 3px、5px、7px、4px	margin:3px 5px 7px 4px;
	设置上下外边距为 3px 设置左右外边距为 5px	margin:3px 5px;
	设置上外边距为 3px 设置左右外边距为 5px 设置下外边距为 7px	margin:3px 5px 7px;
	设置上、右、下、左外边距均为 8px	margin:8px;

经验

按照"上、右、下、左"，"没有找对边"这样的方式去设置对应的外边距。

以上学习了外边距的用法，在网页制作过程中，根据页面的需要，合理地设置外边距就可以了。

但是在实际应用中，网页中很多标签都有默认的外边距。例如，标题标签<h1>～<h6>，段落标签<p>，列表标签<ul>、<ol>、<li>、<dl>、<dt>、<dd>，页面主体标签<body>，表单标签<form>等都有默认的外边距，并且在不同的浏览器中，这些标签默认的外边距还不一样。因此为了使页面在不同浏览器中显示的效果一样，通常在 CSS 中通过并集选择器来统一设置这些标签的外边距为 0px，这样页面中就不会因为外边距而产生不必要的空隙，各浏览器中显示的效果也会一样。

了解了外边距的用法，现在修改上面的例子，去掉页面中的空隙。由于页面上面的文本输入框和上下边框都贴得较近，现在通过 margin 设置它们与上下内容有一定的距离。修改后的 CSS 代码如示例 2 所示。

示例 2

```
body,h2{margin:0px;}          /*清除 body 和 h2 默认的外边距*/
……
div{margin-bottom: 6px;}      /*设置每行表单输入框下外边距*/
……
```

在浏览器中查看的页面效果如图 4.4 所示，<body>和<h2>标签产生的外边距已经去掉，而且每个文本输入框下面也设置了 6px 外边距，使它们之间也有了一定的距离，页面看起来更舒服。

 注意

从该示例样式中去除 input 边框的样式，因为一般输入框不会设置虚线、点线。示例 1 那样设置的目的只是为了让大家更充分地理解边框的使用。

从图 4.4 中可以看到，页面内容从浏览器的左上角开始显示，而我们浏览网页时会发现，大多数网页内容都是在浏览器中居中显示，那么是否也能通过 CSS 设置让这个注册页面在浏览器中居中显示呢？当然了，使用 margin 就可以设置页面居中显示。

在 CSS 中，margin 除了可以使用像素值设置外边距之外，还有一个特殊值——auto，这个值通常只在设置盒子在其父容器中居中显示时才使用。例如，设置图 4.4 中的页面内容居中显示，只需在 id 为 box 的 div 样式中增加居中显示样式即可，代码如下所示。

```
.box{
    width: 298px;               /* 盒子宽度 298px*/
    border:1px solid #3a6587;   /* 设置盒子边框*/
    margin:0px auto;            /* 让整个盒子居中*/
}
```

在浏览器中查看页面效果，如图 4.5 所示，页面内容距浏览器上下外边距均为 0px，左右居中显示。

图4.4　去掉外边距的页面效果

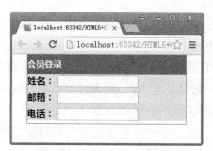
图4.5　居中显示的页面效果

经验

　　使用"margin:0px auto;"让元素水平居中也是有条件的：

　　首先这个元素必须是块级元素。如图 4.6 所示，span 元素虽然设置了 margin 属性，但是也没有居中显示。

　　其次这个元素要设置固定宽度。如图 4.7 所示，div 是块级元素，也设置了 margin 属性，但是也没有居中显示。

　　所以上面两个条件是设置元素水平居中的必要条件。

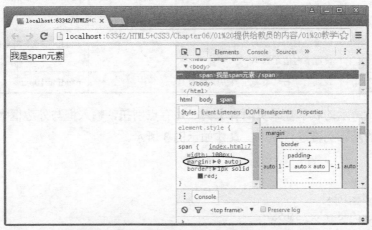

图4.6　设置行内元素margin属性居中失效

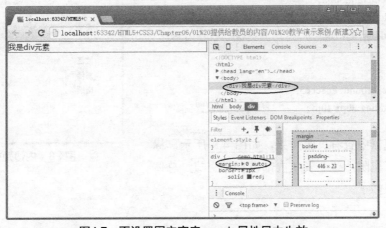

图4.7　不设置固定宽度margin属性居中失效

4.1.4　内边距的使用

　　内边距（padding）用于控制内容与边框之间的距离，以便精确地控制内容在盒子中的位置。内边距与外边距一样，也分为上内边距、右内边距、下内边距、左内边距，设置方式和设置顺序也基本相同，具体属性设置如表 4-5 所示。

表 4-5　内边距属性设置方法

属　　性	说　　明	示　　例
padding-left	设置左内边距为 10px	padding-left:10px;
padding-right	设置右内边距为 5px	padding-right:5px;
padding-top	设置上内边距为 20px	padding-top:20px;
padding-bottom	设置下内边距为 8px	padding-bottom:8px;
padding	设置上、右、下、左内边距分别为 20px、5px、8px、10px	padding:20px 5px 8px 10px;
	设置上下内边距为 10px 设置左右内边距为 5px	padding:10px 5px;
	设置上内边距为 30px 设置左右内边距为 8px 设置下内边距为 10px	padding:30px 8px 10px;
	设置上、右、下、左内边距均为 10px	padding:10px;

　　如图 4.5 所示的表单登录页面看上去还是有点别扭，输入框与外边框太挤了，所以在上面示例的基础上再进行修改，具体如示例 3 所示。

示例 3

```
h2{
    font-size:16px;
    background-color:#3a6587;
     height:35px;
    line-height:35px;
    color:#FFF;
    padding-left:20px;          /* 让标题左边留点空隙*/
}
form{
    background: #c8ece3;
    padding:30px 10px;          /* 表单内部都设置空隙*/
}
```

图4.8　内边距效果

　　在浏览器中查看页面效果，如图 4.8 所示，标题前面有了空隙，整个表单内部也有了空隙，总体看上去舒服多了。

　　　　初学盒子模型的时候，对于什么时候使用内边距，什么时候使用外边距会有些迷惑。先记住原则：外边距位于边框外面，内边距位于边框内部。以此区分空隙是在边框内部还是外部。在没有边框的情况下，可以手动设置边框，作为调试用，使用完毕后记得删除。

4.1.5 盒子模型尺寸

刚开始使用 CSS+DIV 制作网站的时候，可能有不少人会因为页面元素没有按预期在同一行显示，而是折行了或是将页面撑开了，感到迷惑。导致页面元素折行显示或撑开页面主要还是由于盒子尺寸问题，下面就来详细介绍盒子模型尺寸。

在 CSS 中，width 和 height 指的是内容区域的宽度和高度。增加了边框、内边距和外边距后并不会影响内容区域的尺寸，但是会增加盒子模型的总尺寸。

假设盒子的每个边有 10px 的外边距和 5px 的内边距，如果希望盒子总宽度为 100px，那么代码该怎么设置呢？如示例 4 所示的设置正确吗？

示例 4

```
<style>
    div{
        width: 100px;              /* div 宽度 100px*/
        height: 100px;             /* div 高度 100px*/
        padding: 5px;              /* div 上右下左内边距 5px*/
        margin: 10px;              /* div 上右下左外边距 10px*/
        border: 1px solid #000000; /* div 上右下左边框 1px*/
    }
</style>
</head>
<body>
    <div></div>
</body>
```

在浏览器中的显示效果如图 4.9 所示。

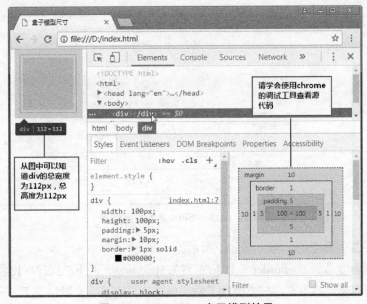

图4.9　width=100px盒子模型效果

经验

　　作为开发者来说一定要学会使用工具调试代码，Chrome 就是一个非常好的调试工具，开发者可以单击鼠标右键在弹出的快捷菜单中选择"检查"打开调试窗口，也可以直接按下 F12 键快速打开调试窗口。如图 4.9 所示，在调试窗口中不但能看到所有 HTML 和 CSS 的源代码，右边还会出现盒子模型结构图，将鼠标移上去就可以在浏览器页面上清晰地看出哪部分是内容，哪部分是内边距等，非常有利于我们学习盒子模型。

Chrome
调试代码

　　从图 4.9 中，可以看到 div 的实际总宽度是 112px，而不是 100px。这就说明把宽度 width 设置为 100px 是不能达到最终要求的盒子总宽度 100px 的。那么 width 属性该设置为多少才能达到最终的盒子总宽度为 100px 呢？

　　在示例 4 的基础上修改代码：

```
div{
    width: 88px;
    height: 88px;
}
```

　　修改后在浏览器中的显示效果如图 4.10 所示。

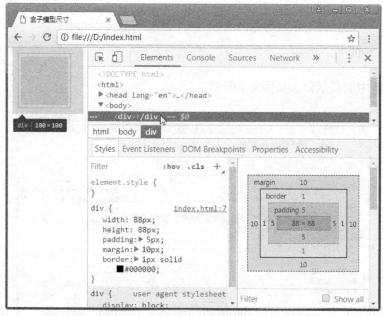

图4.10　width=88px盒子模型效果

　　由此可得盒子模型的计算方法如下所示。

　　盒子模型内盒总尺寸=border（上下/左右）+padding（上下/左右）+内容宽度

　　其实上面的公式并不难，只要理解了盒子模型就很容易。一般情况下，无论是边框还是内边距、外边距都是分上右下左四边的。在计算的时候，只要记住总宽度是在水平方向上，再结合 Chrome 调试工具中的盒子模型图，从左到右加起来就是总宽度。比如图 4.10 中盒子模型内盒总宽度=1+5+88+5+1=100（px）。同理高度的计算算法也是一样的。

 小结

> 内盒的总尺寸=border+padding+内容宽度/高度；
>
> 外盒的总尺寸=border+padding+margin+内容宽度/高度；

上面两个公式的区别就在于是否包括 margin 的值。margin 是外边距，在使用公式的时候只要确定你的总尺寸里是否包括 margin，需要就把它计算在内，否则就不用管它。要灵活掌握，视需求而定，切不可死记硬背。

4.1.6　box-sizing 拯救布局

前面介绍了如何计算盒子模型尺寸，盒子的总尺寸不但包括内容宽度（width），还包括内边距和边框等，设计人员每次使用都要计算，很麻烦。

1. box-sizing 语法

为了解决这个问题，CSS 增加了一个盒子模型属性 box-sizing，用于事先定义盒子模型的尺寸解析方式，语法如下。

box-sizing：content-box ｜ border-box ｜ inherit

content-box：默认值，盒子的宽度或高度 = border+padding+(margin)+ width / height。

border-box：盒子的宽度或高度等于元素内容的宽度或高度。从盒子模型的介绍可知，盒子的宽度或高度包含了元素的 border、padding 和内容的宽度或高度（此处的内容宽度或高度=盒子宽度或高度 –border – padding）。

inherit：元素继承父元素的盒子模型模式。

2. 浏览器兼容性

目前只有 Mozilla Gecko 引擎的浏览器在使用 box-sizing 属性时需要添加其私有属性，其余浏览器都直接支持 box-sizing 属性，各主流浏览器对 box-sizing 属性的支持情况如表 4-6 所示。

表 4-6　box-sizing 浏览器兼容性

浏览器	IE	Firefox	Chrome	Opera	Safari
支持版本	8+	1.5+	1.0+	9.0+	3.1+

3. box-sizing 的使用

学习了 box-sizing 属性后，再对示例 4 的代码进行修改。依然要 div 的总宽度为 100px，但是写 CSS 代码的时候就不需要再去用公式计算，直接设置 width 为 100px，然后设置解析模式为 border-box 即可达到示例 4 的相同效果，具体代码如示例 5 所示。

示例 5
……
```
<style>
    div{
            width: 100px;
            height: 100px;
            padding: 5px;
            margin: 10px;
            border: 1px solid #000000;
            box-sizing: border-box;
    }
</style>
</head>
<body>
        <div></div>
</body>
```
在浏览器中的显示效果如图 4.11 所示。

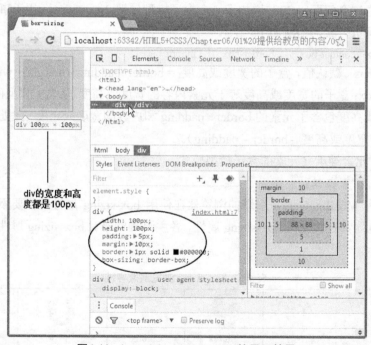

图4.11 box-sizing=border-box的显示效果

如图 4.11 所示，最终实现的效果和通过盒子模型尺寸公式计算后设置的效果是一样的。显然通过 box-sizing 这种方式要更加简便，开发起来也更容易。

如果用 box-sizing 的另一个属性值 content-box 设置，还需要用盒子模型尺寸计算公式来计算内容宽度等，所以这种方式的使用场景并不多，这里就不再演示，希望大家自己测试一下这个属性，以加强对盒子模型尺寸的理解。

4.1.7　上机训练

上机练习 1——制作聚美优品商品分类页面

训练要点

➤ 使用定义列表制作商品分类。

➤ 使用 border 属性设置边框样式。

➤ 使用 margin 和 padding 消除外边距和内边距。

➤ 使用 background 设置页面背景。

需求说明

（1）使用定义列表制作商品分类。

（2）将分类列表标题与列表内容对齐显示。

实现思路

➤ 页面背景颜色直接使用标签选择器 body 设置。

➤ 使用 margin 和 padding 设置标题标签、定义列表标签的外边距、内边距为 0px。

➤ 商品分类标题放在<dt>标签中，统一设置字体样式；使用 padding-left 设置文本向右缩进距离，通过类样式使用 background 属性分别设置分类标题前的背景小图标。

➤ 列表内容放在<dd>标签中，统一设置字体样式；使用 padding-left 设置文本向右缩进距离，使用 border-bottom 设置下边框的虚线边框。完成效果如图 4.12 所示。

图4.12　聚美优品商品分类页面

上机练习 2——制作京东快报信息栏

需求说明

页面外边距 30px，宽度 230px，边框为 1px 灰色实线，盒子模型的解析方式为 border-box。

（1）使用无序列表制作快报列表。

（2）列表项行高 26px，左右间隙 26px。

（3）鼠标移入列表项的文字时字体颜色变为暗红色。完成效果如图 4.13 所示。

上机练习 3——制作京东导航

需求说明

（1）页面高度 30px，背景颜色为#F1F1F1。

（2）使用无序列表制作京东导航。

（3）使用 display 设置元素属性，完成效果如图 4.14 所示。

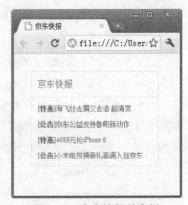

图4.13　京东快报信息栏

图4.14 京东导航

➜ 本章作业

一、选择题

1. 在 CSS 中，（　　）用来设置一个<div>的边框。

   A. width 属性

   B. border 属性

   C. margin 属性

   D. padding 属性

2. 在 HTML 中，（　　）是内联元素。（选择两项）

   A. <div>标签

   B. <li>标签

   C. <span>标签

   D. <strong>标签

3. 以下关于盒子模型的说法，正确的是（　　）。

   A. margin-left 表示设置盒子的右外边距

   B. padding 是盒子与盒子之间的间距

   C. margin 是盒子内元素与边框 border 之间的间距

   D. border:1px #F00 solid;表示盒子的四条边均为 1 像素的红色实线

4. 设置一个<div>的宽度为 200 像素、高度为 80 像素，四个边框均为 2 像素的黑色虚线，上、右、下、左四个方向的外边距均为 10 像素，则下列 CSS 代码正确的是（　　）。

   A. div{width:80px; height:200px; border:2px dashed #000000; margin:0 10px;}

   B. div{width:80px; height:200px; border:2px solid #000000; margin:10px 0;}

   C. div{width:200px; height:80px; border:2px solid #000000; margin:10px;}

   D. div{width:200px; height:80px; border:2px dashed #000000; margin:10px;}

5. 已知一个<div>的宽度为 130px，左边框为 5px 实线，右边框为 0px，左外边距为 10px，右外边距为 2px，左内边距为 1px，右内边距为 25px，下列盒子尺寸正确的是（　　）。

   A. 130px

   B. 156px

  C. 173px

  D. 168px

二、简答题

1. 什么是盒子模型？盒子模型的属性有哪几个？它们的作用分别是什么？

2. 盒子模型有哪几种解析方式？它们有什么区别？

3. 制作如图 4.15 所示的京东商城商品分类列表页面，要求如下。

➢ 商品列表放在一个<div>中，<div>的四个边框均为 2px 的橙色实线。

➢ 用 CSS 选择器选择每个列表项之后加上背景图，每个列表下方为 1px 的灰色虚线边框，最后一个列表项没有。

➢ 文本超链接为黑色粗体，当鼠标悬停在超链接上时文本变色，并且无下划线。

图4.15　京东商城商品分类列表页面

4. 制作如图 4.16 所示的权威课程免费体验登录页面，要求如下。

➢ 页面文本颜色为白色，"*"字体颜色为红色。

➢ 使用无序列表排版表单元素。

➢ 无序列表内容在页面中居中显示。

➢ "免费体验"按钮使用背景图像的方式实现。

➢ 按语义化使用表单元素，且是圆角的边框。

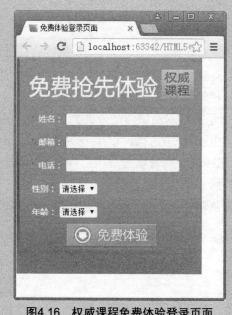

图4.16　权威课程免费体验登录页面

作业答案

第 5 章

网页中无处不在的浮动

技能目标

❖ 掌握 display 属性排版网页元素
❖ 掌握 float 属性排版网页元素
❖ 掌握四种防止父级边框塌陷的清除浮动方法

本章知识梳理

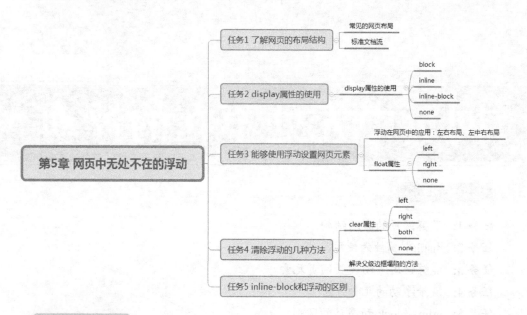

本章简介

使用 DIV+CSS 进行网页布局实际上是使用 CSS 排版网页元素，这是一种很新的排版理念，完全有别于传统的排版习惯。首先对\<div\>标签进行分类，然后使用 CSS 对各个\<div\>进行 CSS 排版，最后再在各个\<div\>中编辑页面内容，这样就实现了表现与内容分离，而且后期维护 CSS 也十分容易。那么如何使用 CSS 排版网页元素呢？

这就是本章要重点讲解的内容——使用 display 改变元素特性来进行网页元素的排版，使用浮动排版网页元素并且根据网页布局需要对浮动进行清除。本章最后还讲解了 display 和 float 排版各自的优缺点，以及如何在不同的场合选用不同的布局方式。

预习作业

1. 简答题

（1）复习前面学习过的块级元素和行内元素的概念及特性。

（2）使用 float 属性设置页面元素浮动时，属性值 left 和 right 有什么区别？

（3）使用 clear 属性清除浮动时，属性值 left、right 和 both 有什么区别？

2. 编码题

使用浮动等相关知识，实现图片横排显示。要求如下。

（1）随意挑选四张图片，设置宽度为 260px，高度为 180px。

（2）使用列表标签或者\<img\>标签在页面引入图片。

（3）使竖排的图片横排显示。

了解网页的布局结构

5.1.1　网页布局分类

在前面已经学习了使用 HTML 标签制作网页和使用 CSS 美化网页元素，那么如何布局并制作一个完整的网页呢？一个完整的页面至少包含哪些内容呢？

网页基本上都包括网站导航、网页主体内容、网站版权三个部分。网站导航一般包括网站 LOGO、导航菜单及一些其他信息，主体内容是网页上要呈现给浏览者的内容，网站版权一般包括网站声明和一些相关链接等。如图 5.1 所示的百度糯米主页，最上方是网站导航，包括页面 LOGO、导航菜单、其他链接；中间是网站的主体内容；最下方是网站版权，包括网站的版权声明、关于百度等网页链接等。

图5.1　网页基本结构

虽然互联网上的网页基本上都包括这三个部分，但在布局上各不相同。网页布局类型有上左右下布局、上左中右下布局、左边固定右边自适应布局等，其实网页头部和底部都差不多，关键就在于中间的主体部分。通俗地说，主体部分常见的有两栏布局，也有三栏布局。图 5.1 的主体部分就是两栏布局，图 5.2 则是一个典型的三栏布局。

图5.2 三栏布局页面

虽然还有其他类型的布局，但是像这样的上中（左右/左中右）下布局是非常常见的。到目前为止我们所学的知识最多能实现图 5.3 所示的效果，只能够布局小块内容，那么如何把图5.3这样的页面布局排版成图5.2所示的那样呢？还需要学习哪些知识呢？下面就来一一讲解。

图5.3　没有排版的页面

5.1.2　什么是标准文档流

　　在进行网页布局排版之前先了解一个概念，就是标准文档流。标准文档流是指元素根据块级元素或行内元素的特性按从上到下、从左到右的方式自然排列。这也是元素默认的排列方式。如图 5.3 所示就是标准文档流的排列方式。

提示

初学 HTML 的时候制作出来的页面非常简陋，因为没有添加 CSS 样式和布局排版，完全按照元素自身的特性来排列。

理解了标准文档流的含义，图 5.3 所示的每小块的内容都是竖直排列下来的原因就知道了。那是由块级元素的特性造成的，无论内容多少，都会独占一行。如果想让这些小块能够排列成图 5.2 所示的那样，该如何布局呢？如果这些块级元素可以像行内元素一样排在一行就能解决当前的问题了，下面就详细地来为大家讲解。

任务 2 display 属性的使用

通过前面的讲解，已经知道标准文档流有两种元素，一种是以<div>为代表的块级元素，另一种是以<span>为代表的内联元素。

事实上，对于这些标签还有一个专门的属性来控制元素是像<div>那样块状显示，还是像<span>那样行内显示，这个属性就是 display 属性。

5.2.1 display 属性值的使用

在 CSS 中，display 属性规定元素的显示类型。它的值有多个，网页中常用的有四个，如表 5-1 所示。

表 5-1 display 属性常用值

值	说　　明
block	块级元素的默认值，元素会被显示为块级元素，该元素前后会带有换行符
inline	行内元素的默认值，元素会被显示为行内元素，该元素前后没有换行符
inline-block	行内块级元素，元素既具有行内元素的特性，也具有块级元素的特性
none	设置元素不显示

下面就通过示例 1 来分析 display 属性的使用。

示例 1

```
……
<style>
    div{
        width: 100px;
        height: 100px;
        border: 1px solid red;
    }
```

```
span{
    width: 100px;
    height: 100px;
    border: 1px solid red;
}
</style>
</head>
<body>
    <div>我是 div 块级元素</div>
    <span>我是 span 行内元素</span>
</body>
```

在浏览器中的显示效果如图 5.4 所示。

div 元素和 span 元素虽然设置了相同的 CSS 样式，但是它们的表现形式是不一样的，这由它们的特性造成。给这两个元素都添加 display 属性，关键代码如下：

display: block;

在浏览器中的显示效果如图 5.5 所示。div 元素本身就是块级元素，所以没有变化；span 元素是行内元素，添加 display: block 的意思是把 span 元素转化为块级元素，这样它就具有了块级元素的特性，支持宽度和高度，独占一行。

图5.4　没设置display属性的显示效果

图5.5　设置display:block后的显示效果

修改代码为：

display: inline;

在浏览器中的显示效果如图 5.6 所示。div 元素设置了 display: inline，相当于把 div 从块级元素转化为行内元素，所以现在 div 元素和 span 元素都是行内元素，都是由内容撑开宽高，并且排在一行。

只学习这两个属性还不能解决图 5.3 的问题。我们现在的需求是既可以排在一行，也可以支持宽高，接下来就对示例 1 的代码再进行修改：

display: inline-block;

在浏览器中的显示效果如图 5.7 所示。div 元素和 span 元素可以排在一行，并且都支持宽高。

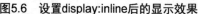

图5.6　设置display:inline后的显示效果　　图5.7　设置display:inline-block后的显示效果

display 属性还有一个属性值也非常常用，它可以使元素在浏览器中隐藏。修改示例 1 的代码如下。

```
div{
    ……
    display: none;
}
```

在浏览器中的显示效果如图 5.8 所示。div 元素在浏览器中看不见了，但是在浏览器的调试窗口中还能看到 div 元素。

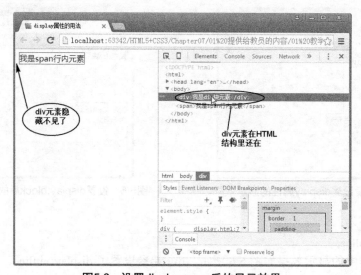

图5.8　设置display:none后的显示效果

5.2.2　上机训练

上机练习 1——制作 QQ 会员页面导航

需求说明

制作 QQ 会员页面导航（见图 5.9），要求如下。

（1）导航条分为三部分：LOGO 图片、"功能特权"等导航信息、"登录"等信息，使用 display:inline-block 让这三部分排在一行，背景颜色为黑色半透明。

（2）中间的"功能特权"等导航信息使用列表来布局。

（3）鼠标移入"功能特权"等导航信息时文字颜色变为蓝色，无下划线。

（4）"登录"等信息使用超链接实现，鼠标移入时字体颜色加深，添加背景颜色为黄色。具体的颜色值可从素材图中获取。

图5.9　QQ会员页面导航

任务 3　能够使用浮动设置网页元素

使块级元素排列在一行并且支持宽高的方法除了使用 display:inline-block 外，还有一种，就是浮动。

5.3.1　浮动在网页中的应用

要实现浮动需要在 CSS 中设置 float 属性，默认值为 none，也就是标准文档流块级元素通常显示的情况。如果将 float 属性值设置为 left 或 right，元素就会向其父元素的左侧或右侧浮动，默认情况下，盒子的宽度不再伸展，而是根据盒子里面的内容和宽度来确定，这样就能够实现网页布局中的"左中右"或"左右"布局类型。网页中常见的由浮动实现的效果如图 5.10 和图 5.11 所示。

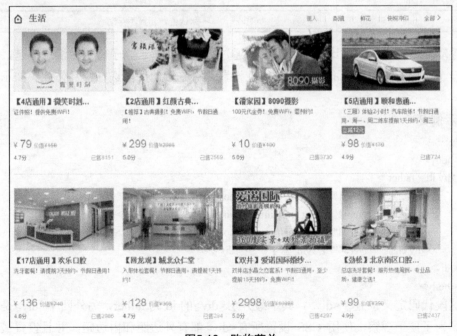

图5.10　购物菜单

图5.11　游戏列表

从上述例子可以看出，float 属性在网页布局中起着非常重要的作用，它不仅能从全局来布局网页，还能对网页中的导航菜单、栏目标题、商品列表等内容进行排版。下面介绍 float 属性。

5.3.2　float 属性

在 CSS 中，通过 float 属性可以定义网页元素向哪个方向浮动。以往这个属性只应用于图像，使文本围绕在图像周围。不过在 CSS 中，任何元素都可以浮动，浮动元素会生成一个块级框，不论它本身是何种元素。float 常用属性值有左浮动、右浮动和不浮动，如表 5-2 所示。

表 5-2　float 属性值

属 性 值	说　　明
left	元素向左浮动
right	元素向右浮动
none	默认值。元素不浮动

浮动在网页中的应用比较复杂，下面通过实例来讲解。为了将浮动演示清楚，首先制作一个基础的页面，后面一系列的属性设置都将基于此页面进行，具体代码如示例 2 所示。

示例 2

```
……
<body>
<div id="father">
    <div class="layer01"><img src="image/photo-1.jpg" alt="日用品" /></div>
    <div class="layer02"><img src="image/photo-2.jpg" alt="图书" /></div>
    <div class="layer03"><img src="image/photo-3.jpg" alt="鞋子" /></div>
    <div class="layer04">浮动的盒子……</div>
</div>
</body>
```

这段代码定义了五个<div>，其中最外层<div>的 id 为 father，另外四个<div>是它的子块。为了便于观察，使用 CSS 设置所有<div>都有外边距和内边距，并且设置最外层<div>为实线边框，内层四个<div>为虚线边框，代码如下所示。

```
div{margin:10px; padding:5px;}
#father{border:1px #000 solid;}
.layer01{border:1px #F00 dashed;}
.layer02{border:1px #00F dashed;}
.layer03{border:1px #060 dashed;}
.layer04{border:1px #666 dashed; font-size:12px; line-height:20px;}
```

在浏览器中查看页面效果，如图 5.12 所示，由于没有设置浮动，三张图片和文本所在<div>各自向右伸展，并且在竖直方向依次排列。

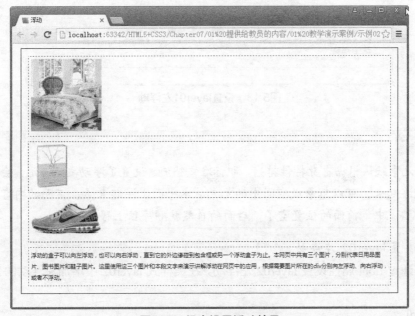

图5.12　没有设置浮动效果

下面学习 float 属性在网页中的应用，在设置 float 属性的同时充分体会浮动具有哪些性质。为了描述方便，以下分别以 father、layer01、layer02、layer03、layer04 来表示这五个<div>，下面分别设置它们的浮动，然后查看浮动效果。

1．设置 layer01 左浮动

在上面代码的基础上，通过 float 属性设置 layer01 左浮动，在类样式 layer01 中增加左浮动的代码，如下所示。

```
.layer01 {
    border:1px #F00 dashed;
    float:left;
}
```

在浏览器中查看设置完 layer01 左浮动的页面效果，如图 5.13 所示，可以看到 layer01 向左浮动，并且不再向右伸展，而是仅能够容纳里面日用品图片的最小宽度。

思考一个问题，此时 layer02 的左边框在哪里呢？仔细看图 5.13 可以发现，layer02 的左边框、上边框分别与 layer01 的左边框和上边框重合。这是因为设置完左浮动的 layer01 已经脱离标准文档流，所以标准文档流中的 layer02 顶替原来 layer01 的位置，

layer03 也随着 layer02 的移动而向上移动。

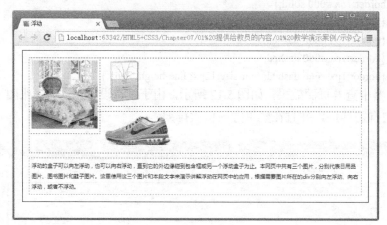

图5.13　设置layer01左浮动

解释

　　元素默认根据自身特性排列，即标准文档流。设置了浮动之后，元素会脱离文档流浮起来。可以想象成空间中的元素从水平面上浮起来了，下面的内容还在标准文档流中，前面的位置空了，后面的自然就顺序往上移了。

2．设置 layer02 左浮动

现在通过 float 属性设置 layer02 左浮动，在类样式 layer02 中增加左浮动的代码，如下所示。

```
.layer02 {
    border:1px #00F dashed;
    float:left;
}
```

在浏览器中查看设置完 layer02 左浮动的页面效果如图 5.14 所示，可以看到 layer02 向左浮动，并且也不再向右伸展，而是根据里面的图片宽度确定自身的宽度。

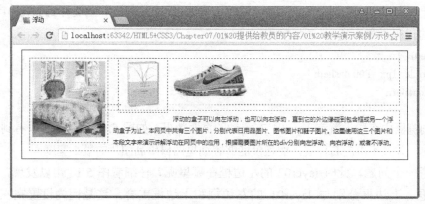

图5.14　设置layer02左浮动

从图 5.14 中可以更清楚地看出，由于 layer02 左浮动后脱离了标准文档流，layer03 的左边框与 layer01 的左边框重合，layer04 中的文本移了上来，并且围绕着几个图片显示。

3．设置 layer03 左浮动

现在通过 float 属性设置 layer03 左浮动，在类样式 layer03 中增加左浮动的代码，如下所示。

```
.layer03 {
    border:1px #060 dashed;
    float:left;
}
```

在浏览器中查看设置完 layer03 左浮动的页面效果，如图 5.15 所示，可以看到 layer03 向左浮动，并且也不再向右伸展，而是根据里面的图片宽度确定自身的宽度。

图5.15 设置layer03左浮动

这时可以清楚地看出，文字所在的 layer04 左边框与 layer01 的左边框重合，并且里面的文字围绕着这几张图片排列。

4．设置 layer01 右浮动

以上都是设置<div>左浮动，现在改变浮动方向，把 layer01 的左浮动改变为右浮动，代码如下所示。

```
.layer01 {
    border:1px #F00 dashed;
    float:right;
}
```

在浏览器中查看设置完 layer01 右浮动的页面效果，如图 5.16 所示，layer01 浮动到 father 的右侧，layer02 和 layer03 向左移动，layer04 中的文本依然环绕着几张图片。

5．设置 layer02 右浮动

现在改变 layer02 的浮动方向，把 layer02 的左浮动改变为右浮动，代码如下所示。

```
.layer02 {
    border:1px #00F dashed;
    float:right;
}
```

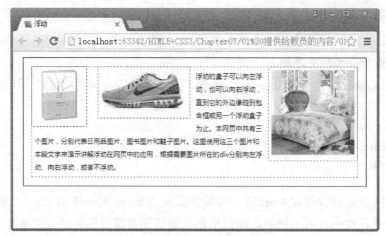

图5.16　设置layer01右浮动

在浏览器中查看设置完 layer02 右浮动的页面效果，如图 5.17 所示，layer01 位置没有改变，layer02 向右浮动，与 layer04 交换了位置，layer04 中的文本依然环绕着几张图片。

图5.17　设置layer02右浮动

经验

到这里可以看到，无论如何改变 layer01、layer02 和 layer03 的浮动情况，layer04 中的文本总是环绕图片显示，而不是移动到浮动元素下面被挡住。其实这是浮动里的特殊情况，没有设置浮动的文字会环绕在浮动元素周围显示，也是最初创造浮动的目的。

6. 设置 layer04 右浮动

现在设置 layer04 右浮动，代码如下所示。

```
.layer04 {
    border:1px #00F dashed;
    float:right;
}
```

在浏览器中查看设置完 layer04 右浮动的页面效果，如图 5.18 所示。

图5.18　设置layer04右浮动

从图 5.18 中可以看出设置了 layer04 的右浮动后，layer04 并没有如我们所愿浮动到右边，而是排在了最下方。前面也说过浮动设置中文字会有些与众不同，浮动的文字段落在没有设置宽度的时候会占满一行。给 layer04 添加宽度的代码如下：

```
.layer04 {
    border:1px #00F dashed;
    float:right;
    width: 200px;
}
```

float属性

在浏览器中的显示效果如图 5.19 所示。layer04 设置宽度和右浮动后就自然地排列在它上一个右浮动 layer02 的后面。

图5.19　设置layer04右浮动和宽度

这时引发了一个新的问题，father 的边框缩上去，包不住里面的子元素了。这是为什么呢？该怎么解决呢？这时就需要使用清除浮动了，下面一节将详细介绍。

5.3.3 上机训练

上机练习 2——制作热门活动页面

需求说明

制作如图 5.20 所示的热门活动页面，要求如下。

（1）页面宽度 700px，在浏览器中居中显示。

（2）使用右浮动让文字"更多"排列到右边。

（3）使用无序列表布局图片和文字说明。

（4）使用浮动让列表项排列在一行。

图5.20 热门活动页面

上机练习 3——制作电视剧详情列表页面

需求说明

制作如图 5.21 所示的电视剧详情列表页面，要求如下。

（1）列表内容可以分为上中下结构。中间部分为左边图片，右边电视剧内容介绍。下面部分使用无序列表，每个列表项由两部分文字组成。

（2）标题前面的图标使用背景图片实现，标题字体样式：大小 12px，高度 27px，距离左边 38px。

（3）中间部分使用浮动让图片和右边的文字描述排在一行，文字的颜色从素材图中获取。

（4）下面部分列表项中的文字使用左浮动，作者描述使用右浮动。

（5）所有的超链接都没有下划线，鼠标移入时出现下划线。

图5.21　电视剧详情列表页面

任务 4　清除浮动的几种方法

在前面的讲解中，全面剖析了 CSS 中的浮动属性，并且知道由于某些元素设置了浮动，在页面排版时会影响其他元素的位置。如果子元素全部浮动了，父级元素就包不住子元素会造成边框塌陷。若要使标准文档流中的元素不受其他浮动元素的影响，父级边框不塌陷，该怎么办呢？clear 属性就起到这样的作用，它正是用于消除浮动元素对其他元素的影响。

5.4.1　clear 属性

在 CSS 中 clear 属性用于规定元素的哪一侧不允许出现其他浮动元素，常用值如表 5-3 所示。

表 5-3　clear 属性值

值	说　　明
left	在左侧不允许浮动元素
right	在右侧不允许浮动元素
both	在左、右两侧均不允许浮动元素
none	默认值，允许浮动元素出现在两侧

clear 属性常用于清除浮动带来的影响，下面仍以前面的例子为基础来详细讲解。

1. 清除左侧浮动

现在使用 clear 属性清除文本左侧的浮动内容，代码如示例 3 所示。

示例 3

```
.layer04 {
    border:1px #666 dashed;
    font-size:12px;
    line-height:23px;
    width: 200px;
    float: right;
    clear:left;
}
```

在浏览器中查看设置了清除文本左侧浮动内容后的页面效果，如图 5.22 所示。layer04 左边清除了浮动，换到 layer03 的下一行，由于它本身是右浮动，所以跟在其上一个右浮动元素 layer02 的后边。

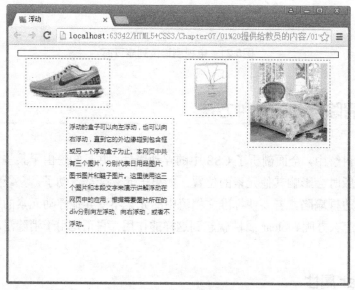

图5.22 清除文本左侧浮动

2. 清除右侧浮动

由于文本左侧浮动的内容只有 layer03，现在 layer04 清除了左侧浮动的内容，右侧浮动的内容并不受影响。下面修改代码清除 layer04 右侧浮动内容，如下所示。

```
.layer04 {
    border:1px #666 dashed;
    font-size:12px;
    line-height:23px;
    width: 200px;
    float: right;
    clear:right;
}
```

在浏览器中查看设置了清除文本右侧浮动内容后的页面效果，如图 5.23 所示。

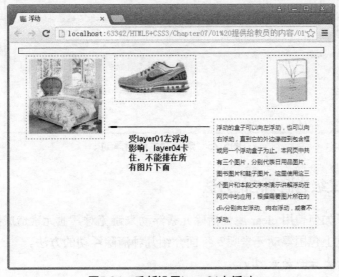

图5.23　清除文本右侧浮动

由于文本右侧浮动的内容有 layer01 和 layer02，现在 layer04 清除了右侧浮动的内容，因此文本在最高的图片下方显示，与预期的文本在所有图片下方显示的效果一致。但是这样做真的能保证任何时候文本都在所有浮动的内容下方显示吗？

下面把 layer01 设置为左浮动，代码如下所示。

```
.layer01 {
    border:1px #F00 dashed;
    float:left;
}
```

重新在浏览器中查看将 layer01 设置为左浮动后的页面效果，如图 5.24 所示。

图5.24　重新设置layer01左浮动

看到页面效果了吧，与当初希望的并不一致。为什么会这样呢？现在文本左侧浮动的是 layer01 和 layer03，右侧浮动的是 layer02，而设置了清除文本右侧浮动后，仅清除了右侧浮动，左侧浮动是不受影响的，并且左侧浮动的图片高于右侧浮动的图片，所以文本依然卡在左侧比较高的图片右边显示。

那么应该如何设置才能确保文本总是在所有图片下方显示呢？当然是将两侧的浮动全部清除。

3．清除两侧浮动

当某个盒子两侧都有浮动元素，并且需要清除两侧的浮动元素时，就需要使用 clear 属性的 both 值了。清除 layer04 两侧的浮动，代码如下所示。

```
.layer04 {
    border:1px #666 dashed;
    font-size:12px;
    line-height:23px;
    width: 200px;
    float: right;
    clear:both;
}
```

在浏览器中查看清除了文本两侧浮动的页面，效果如图 5.25 所示。

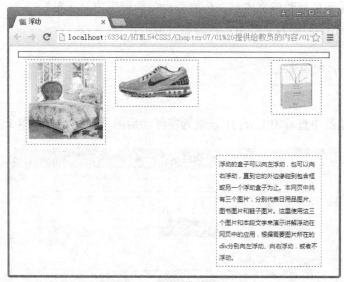

图5.25　清除文本两侧浮动

5.4.2　解决父级边框塌陷的方法

上面介绍了如何使用 clear 属性清除元素浮动来避免对其他元素造成影响，那么如何让父元素在视觉上包围浮动元素呢？下面介绍几种清除浮动的方法。

1．浮动元素后面加空 div

使用 clear 属性能够实现外层元素从视觉上包围里面浮动元素的效果，方法是在所有浮动的<div>后面再增加一个<div>，代码如示例 4 所示。

示例 4

```
……
<div id="father">
 <div class="layer01"><img src="image/photo-1.jpg" alt="日用品" /></div>
 <div class="layer02"><img src="image/photo-2.jpg" alt="图书" /></div>
 <div class="layer03"><img src="image/photo-3.jpg" alt="鞋子" /></div>
 <div class="layer04">浮动的盒子……</div>
 <div class="clear"></div>
</div>
</body>
</html>
```

在 CSS 中增加类样式 clear，由于受 CSS 继承特性的影响，前面的代码设置所有<div>都有一个 10px 的外边距和一个 5px 的内边距。这里<div>的作用主要是扩展外层父元素的高度，所以还需要把内边距和外边距设置为 0px，代码如下所示。

```
div {
    margin:10px;
    padding:5px;
}
#father {
    border:1px #000 solid;
}
.layer01 {
    border:1px #F00 dashed;
    float:left;
}
.layer02 {
    border:1px #00F dashed;
    float:right;
}
.layer03 {
    border:1px #060 dashed;
    float:left;
}
.layer04 {
    border:1px #666 dashed;
    font-size:12px;
    line-height:23px;
    width: 200px;
    float: right;
}
.clear{
    clear: both;
    margin: 0;
```

```
    padding: 0;
}
```

在浏览器中查看页面效果，如图 5.26 所示。从上面的代码中可以看到，虽然使用 clear 属性达到了想要的效果，但是并不完美，出现了一些不"优雅"的副作用——增加了代码量。

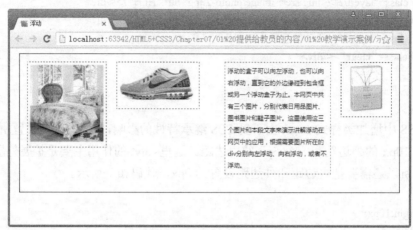

图5.26　父级边框塌陷解决方法一

2. 设置父元素的高度

父元素的边框塌陷后会包不住里面的浮动子元素。那么给父元素设置固定的高度把边框撑开，从视觉上也可以看到里面的子元素，关键代码如下：

```
……
<div id="father">
    <div class="layer01"><img src="image/photo-1.jpg" alt="日用品" /></div>
    <div class="layer02"><img src="image/photo-2.jpg" alt="图书" /></div>
    <div class="layer03"><img src="image/photo-3.jpg" alt="鞋子" /></div>
    <div class="layer04">浮动的盒子……</div>
</div>
……
```

将 CSS 样式修改为如下：

```
#father {
    border:1px #000 solid;
    height: 400px;
}
```

在浏览器中的显示效果如图 5.27 所示。

从图 5.27 中可以看到子元素排在一行，并且父级边框也能包裹住里面的子元素，没有对其他元素造成影响。按理说也解决了问题，可美中不足的是父元素设置了 400px 的高度，而实际的内容高度并没有 400px，这就造成了下面的空白。可见这种情况下设置固定高度会影响元素的可扩展性。

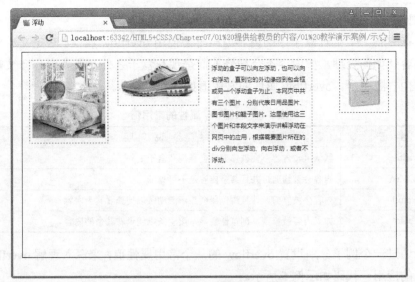

图5.27　父级边框塌陷解决方法二

3. 父级添加 overflow 属性

在 CSS 中使用 overflow 属性也可以清除浮动来扩展盒子的高度。由于这种方法不会产生冗余标签，仅需要设置外层盒子的 overflow 属性值为 hidden 即可，因此常用来设置外层盒子包含内层浮动元素的效果，并能有效防止父级边框塌陷，具体代码如下所示：

```
#father {
    border:1px #000 solid;
    overflow: hidden;
}
```

在浏览器中的显示效果如图 5.28 所示。

图5.28　父级边框塌陷解决方法三

图 5.28 和图 5.27 都解决了边框塌陷问题，让块级元素排在一行，但是图 5.28 所用方法可以自动去衡量高度，可扩展性更强。

overflow 属性可以解决浮动引发的问题，那么 overflow 具体是什么意思呢？它还有哪些属性值呢？

其实在 CSS 中，处理盒子中的内容溢出时会使用 overflow 属性。它定义溢出元素内容区的内容该如何处理，如内容不会被修剪而呈现在盒子之外，或者内容会被修剪，或者将修剪内容隐藏等。overflow 属性的常用值如表 5-4 所示。

表 5-4　overflow 属性的常用值

属 性 值	说 明
visible	默认值，内容不会被修剪，会呈现在盒子之外
hidden	内容会被修剪，并且其余内容是不可见的
scroll	内容会被修剪，并且浏览器会显示滚动条以便查看其余内容
auto	如果内容被修剪，浏览器会显示滚动条以便查看其余的内容

下面通过一个例子分别设置 overflow 的几个常用属性值，来深入理解 overflow 属性在网页中的应用。代码如示例 5 所示。

示例 5

```
……
<body>
<div id="content"><img src="image/wine.jpg" alt="酒" />
  <p>在 CSS 中使用 overflow 属性……</p>
</div>
</body>
</html>
```

页面中有一个 id 为 content 的<div>，里面是一个图片和一段文本，为了能更清楚地看出设置了 overflow 属性之后对盒子内元素的影响，使用 CSS 为盒子设置宽度、高度和边框，代码如下所示。

```
body {
    font-size:12px;
    line-height:22px;
}
#content {
    width:200px;
    height:150px;
    border:1px #000 solid;
}
```

由于 visible 是 overflow 的默认值，因此设置 overflow 的值为 visible 和不设置 overflow 属性值是一样的。在浏览器中查看页面效果，如图 5.29 所示。

下面在#content 中增加 overflow 属性，将其值设置为 hidden，具体代码如下所示。

```
#content {
    width:200px;
    height:150px;
    border:1px #000 solid;
```

```
overflow:hidden;
}
```

在浏览器中查看页面效果，如图 5.30 所示。

图5.29　没有设置overflow属性

图5.30　设置overflow属性值为hidden

由图 5.30 可以看出，超出盒子高度的文本被隐藏起来了，只显示了盒子内的图片和文本。

现在修改上述代码，将 overflow 属性值分别设置为 scroll 和 auto，然后在浏览器中查看页面效果，分别如图 5.31 和图 5.32 所示。

图5.31　overflow属性值设置为scroll

图5.32　overflow属性值设置为auto

从图 5.31 和图 5.32 可以看出，两者在处理盒子内元素溢出时，都使用了滚动条，以便查看盒子尺寸之外的内容。唯一不同的是，overflow 属性值设置为 scroll 时，x 轴方向尽管没有产生内容溢出，也在底部显示了不可用的滚动条；而设置为 auto 时，仅在内容有溢出的高度部分显示了滚动条，底部的滚动条只在 x 轴方向出现内容溢出时，才显示。

现在我们知道了 overflow:hidden 的含义，即溢出隐藏，它虽然能够清除浮动，防止边框塌陷，但是在鼠标移入弹出下拉框的场景中就不能使用，否则会把下拉框隐藏。

4. 父级添加伪类 after

前面介绍的三种方法都可以清除浮动让父级边框不塌陷，但这三种方法也有各自的缺陷，都不能很完美地解决这个问题。现在再介绍一种方法——伪类 after。伪类相信大家都不陌生，之前学过超链接伪类 hover。

伪类 after 的意思是选择 class 类后面的元素。例如，有个元素类名是 clear，那么.clear:after 的意思是选择 clear 类后面的元素并添加样式。代码如示例 6 所示。

示例 6

```
……
<div id="father" class="clear">
  <div class="layer01"><img src="image/photo-1.jpg" alt="日用品" /></div>
  <div class="layer02"><img src="image/photo-2.jpg" alt="图书" /></div>
  <div class="layer03"><img src="image/photo-3.jpg" alt="鞋子" /></div>
  <div class="layer04">浮动的盒子…</div>
</div>
</html>
```

clear属性

对应的 CSS 关键代码如下所示：

```
.clear:after{
    content: '';              /*在 clear 类后面添加内容为空*/
    display: block;           /*把添加的内容转化为块级元素*/
    clear: both;              /*清除这个元素两边的浮动*/
}
```

提示

在 IE6、IE7 下还需要再加一句代码才能清除浮动：

```
.clear{
    zoom: 1;                  /*兼容 IE6、IE7 浏览器*/
}
```

其实示例 6 的作用和示例 4 的作用一样，实现原理也一样，只是表现方式不一样。在浏览器中的显示效果如图 5.33 所示。

图5.33　父级边框塌陷解决方法四

总结

清除浮动防止父级边框塌陷的四种方法:

(1)在浮动元素后面加空 div: 很简单,但空 div 会造成 HTML 代码冗余;

(2)设置父元素的高度: 很简单,但元素固定高度会降低元素扩展性;

(3)为父级添加 overflow 属性: 很简单,但是有下拉框的场景不能使用;

(4)为父级添加伪类 after: 代码稍微复杂一点,但是没有副作用,推荐使用。

5.4.3 上机训练

上机练习 4——制作京东登录页面

训练要点

➤ 使用 float 布局页面。

➤ 使用 background 设置背景图像。

➤ 使用 padding 和 margin 设置网页元素的外边距和内边距。

➤ 使用 clear 属性清除浮动。

需求说明

完成京东登录页面的制作,如图 5.34 所示。要求如下。

图5.34 京东登录页面

(1)整个页面分为三部分:头部、主体内容、底部。总宽度为 990px,水平居中显示。

(2)头部又分为两部分:LOGO 图和文字"欢迎登录",使用浮动和盒子模型排版。

（3）主体内容使用背景图片来添加大图，使用表单元素布局京东会员登录小窗口，使用浮动和盒子模型等排版。

（4）底部使用超链接，没有下划线，鼠标移入时字体颜色变为红色并且出现下划线。

实现思路及关键代码

（1）中间主体部分的代码如下所示。

```
<div class="content">
    <div class="wrap">
        <div class="login-box">
            <div class="login-form">
                <h2>京东会员<a href="">立即注册</a></h2>
                <form action="" method="post" id="loginForm">
                    ……
                </form>
            </div>
        </div>
    </div>
</ div>}
```

（2）中间主体部分的背景是全屏显示的，而内容部分和其他部分一样都是 990px 且居中显示，content 层用来设置红色背景颜色，wrap 层用来设置宽度 990px 且居中显示，login-box 层用来设置大图背景，login-form 用来设置表单登录框的位置、宽度等。

任务 5 inline-block 和浮动的区别

在前面的讲解中，我们知道 inline-block 和浮动都可以让块级元素排在一行，实现两栏或三栏布局。那么它们各有什么优缺点呢？使用哪个更好呢？下面总结一下它们的属性。

优点：

➢ display:inline-block 可以让元素排在一行并且支持宽度和高度，代码实现起来方便，添加该属性的元素在标准文档流中，不需要清除浮动；

➢ 浮动可以让元素排在一行并且支持宽度和高度，还可以决定排列方向。

缺点：

➢ display:inline-block 的位置方向不可控制，会解析空格，如图 5.35 所示。

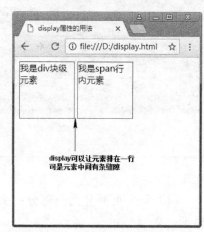

图5.35　inline-block会解析空格

提示

display:inline-block 在 IE6、IE7 上是不被支持的。如果要兼容 IE6、IE7 浏览器，建议使用浮动来实现。

➤ 浮动以后元素脱离文档流，会对周围元素产生影响，所以必须在它的父元素上添加清除浮动的样式。

通过上面的介绍可以知道无论是使用 display:inline-block 的方法还是使用浮动的方法都可以实现两栏或三栏布局，它们各自也都有优势和不足，我们需要正确理解这两种方法，根据需求选择合适的方法进行布局，不能死记硬背。

→ 本章作业

一、选择题

1. 在 CSS 中，float 属性的作用是（　　）。

　　A．清除浮动　　　　　　　　　　B．扩展盒子高度

　　C．处理盒子中的内容溢出　　　　D．定位网页元素，布局网页

2. 在 CSS 中，下列 overflow 属性值（　　）与盒子宽度结合使用可以扩展盒子高度。

　　A．scroll　　　　　　　　　　　　B．auto

　　C．visible　　　　　　　　　　　　D．hidden

3. 在 HTML 页面中有一个<div>，宽度为 200px，高度为 120px，其内容在垂直方向溢出，要求仅在溢出方向上显示滚动条，下列代码正确的是（　　）。

　　A．div {width:200px; height:120px; overflow:hidden;}

　　B．div {width:200px; height:120px; overflow:auto;}

　　C．div {width:200px; height:120px; overflow:scroll;}

　　D．div {width:200px; height:120px; overflow:visible;}

4. 在 CSS 中，如果需要清除浮动层对文本的影响，下列说法正确的是（　　）。

　　A．为浮动层增加 clear 属性，并设置其属性值为 both

　　B．为浮动层增加 clear 属性，并设置其属性值为 none

　　C．为放置文本的标签增加 clear 属性，并设置其属性值为 both

　　D．为放置文本的标签增加 clear 属性，并设置其属性值为 none

5. 在 HTML 页面中有一个 id 为 nav 的<div>，下面（　　）可以设置它向右浮动。

　　A．#nav{float:left;}　　　　　　　B．#nav{float:right;}

　　C．#nav{clear:left;}　　　　　　　D．#nav{clear:right;}

二、简答题

1. 清除浮动的方法有哪几种？分别如何实现？

2. 使用 display:inline-block 或浮动布局网页有什么区别？需要注意什么？

3. 制作多彩照片墙页面，利用无序列表和浮动实现，要求整体相框宽 800px，水平居中显示；各照片左浮动，完成效果如图 5.36 所示。

图5.36　多彩照片墙页面

4. 制作如图 5.37 所示的摄影社区热门小镇页面，要求如下。
➢ 使用<div>和无序列表相结合的方法布局 HTML 文档。
➢ 使用 float 属性创建横向多列布局排版网页元素。

图5.37　摄影社区热门小镇页面

5. 制作如图 5.38 所示的名人名言页面，要求如下。
➢ 使用 header、article、section、nav、footer 等结构元素布局。
➢ 使用 float 属性创建横向多列布局。
➢ 使用无序列表制作导航菜单，并使用盒子属性美化菜单，当鼠标移至导航菜单上时显示下划线。
➢ 使用标题标签排版网页中的各级标题。
➢ 页面的完整效果及页面中字体样式、颜色等参见作业素材。

图5.38　名人名言页面

6. 制作聚美优品彩妆热卖产品列表页面，要求如下。

（1）页面背景颜色为浅黄色，彩妆热卖产品列表背景颜色为白色。

（2）标题放在段落标签中，标题背景颜色为桃红色，字体颜色为白色。

（3）使用无序列表制作彩妆热卖产品列表，两个产品之间使用虚线隔开。

（4）超链接字体颜色为灰色、无下划线，数字颜色为白色，数字背景为灰色圆圈，如图 5.39 所示。

（5）当鼠标移至超链接上时，超链接字体颜色为桃红色、无下划线，数字颜色为白色，数字背景为桃红色圆圈，并且显示产品对应的图片、价格和当前已购买人数，如图 5.40 所示。

图5.39　彩妆热卖产品列表页面

图5.40　鼠标移至产品上时的效果

提示：

（1）在每个列表中增加一个\<div\>，把彩妆商品图片、价格和最近购买人数放在这个\<div\>中，关键代码如下所示。

……

```
<div id="cosmetics">
  <p class="title">大家都喜欢的彩妆</p>
  <ul>
    <li><a href="#"><span>1</span>Za 姬芮新能真皙美白隔离霜 35g
      <div><img src="image/icon-1.jpg" alt="Za 姬芮新能真皙美白隔离霜" />
      <p>￥62.00   最近 69122 人购买</p>
      </div>
      </a></li>
      ……
  </ul>
</div>
```

（2）使用 display 属性设置初始状态下\<li\>标签下的\<div\>不显示，CSS 代码如下所示。

```
#cosmetics li div {
  display:none;
  text-align:center;
}
```

（3）使用 display 属性设置当鼠标悬停在超链接上时\<li\>标签下的\<div\>显示，CSS 代码如下所示。

```
#cosmetics a:hover div {
  display:block;
}
```

作业答案

第 6 章

CSS 定位

技能目标

❖ 掌握使用 position 属性定位网页元素

❖ 掌握使用 z-index 属性调整定位元素的堆叠顺序

本章知识梳理

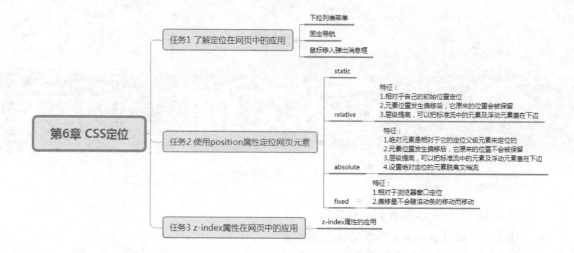

本章简介

在前面讲解了浮动的概念，以及使用浮动布局网页、定位网页元素，本章将要讲解网页制作中另一个重要属性 position，介绍使用 position 定位网页元素，以及使用 z-index 属性设置元素的堆叠顺序。

预习作业

1．简答题

（1）在 CSS 中 position 属性值 absolute 表示什么定位？

（2）在 CSS 中使用什么方式可以设置网页元素的透明度？

（3）在网页中 z-index 属性对没有设置定位的网页元素有效吗？

2．编码题

使用定位技术定位图片，要求如下：

（1）随机选择一张图片，设置宽为 280px，高为 160px。

（2）使用定位技术将其定位在距离页面上方 100px，左方 200px 的位置。

任务1 了解定位在网页中的应用

在 CSS 中有三种基本的定位机制，分别是标准文档流、浮动和绝对定位。前面已经学习了标准文档流和浮动，使用浮动的方式可以定位网页元素，但是仅使用浮动一种方式，完成不了网页中很多更复杂的网页效果。例如，图 6.1 所示的聚划算首页的下拉列表菜单，图 6.2 所示的不随滚动条移动的固定导航，以及图 6.3 所示的鼠标移入弹出的消息框。

图6.1　下拉列表菜单

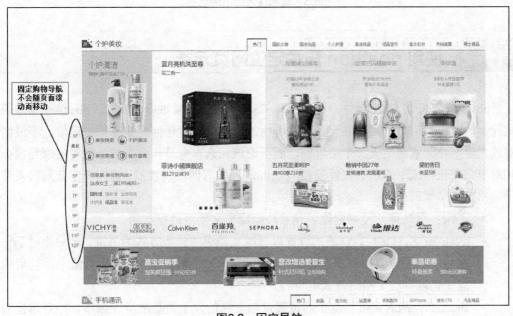

图6.2　固定导航

从图 6.1 至图 6.3 可以看出，无论是弹出的消息框窗口，还是下拉菜单、浮动图片，它们都有一个共同的特点，即脱离了原有的页面，盖在其他元素的上面，还有可能遮挡住下面的内容。对于这样的网页元素，再使用之前学过的浮动、盒子模型等都不可能实现。那么要使用什么方法才能实现呢？这就是本章的重点内容——定位。

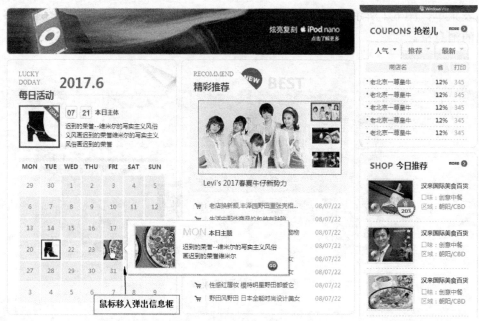

图6.3　鼠标移入弹出消息框

任务 2　使用 position 属性定位网页元素

　　position 属性与 float 属性一样，都是 CSS 排版中非常重要的概念。position 属性规定元素的定位类型，定义建立元素布局所用的定位机制。任何元素都可以定位，不过绝对或固定定位元素会生成一个块级框，而不论该元素本身是什么类型；相对定位元素会相对于它在正常流中的默认位置偏移。position 属性有四个属性值，这四个值分别代表着不同的定位类型。

> ➢ static：默认值，没有定位。元素按照标准文档流进行布局。
> ➢ relative：相对定位，盒子的位置以标准文档流的排版方式为基准，然后相对于它原本的标准位置偏移指定的距离。相对定位的盒子仍在标准文档流中，其后的盒子仍以标准文档流方式对待。
> ➢ absolute：绝对定位。盒子的位置以包含它的盒子为基准进行偏移。绝对定位的盒子从标准文档流中脱离，意味着它对其后的其他盒子的定位没有影响，其他盒子就当这个盒子不存在一样。
> ➢ fixed：固定定位。和绝对定位类似，只是以浏览器窗口为基准进行定位，也就是拖动浏览器窗口的滚动条时，依然保持对象位置不变。

6.2.1　static

　　static 为默认值，表示盒子保持在原本应该在的位置上，没有任何移动的效果。因此，前面章节讲解的例子实际上都采用了 static 方式。

为了讲清楚其他比较复杂的定位方式，现在给出一个基础的页面，其他定位方式均在此基础上进行修改。

页面中有一个 id 为 father 的<div>，里面嵌套三个<div>，HTML 代码如示例 1 所示。

示例 1

```
……
<div id="father">
    <div id="first">第一个盒子</div>
    <div id="second">第二个盒子</div>
    <div id="third">第三个盒子</div>
</div>
```

使用 CSS 设置 father 的边框样式和嵌套的几个<div>的背景颜色、边框样式，关键代码如下所示。

```
div {
    margin:10px;
    padding:5px;
    font-size:12px;
    line-height:25px;
}
#father {
    border:1px #666 solid;
    padding:0px;
}
#first {
    background-color:#f2bb6f;
    border:1px #B55A00 dashed;
}
……
```

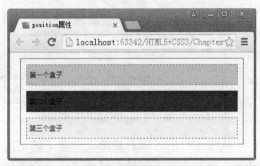

在浏览器中查看页面效果如图 6.4 所示，由于没有设置定位，三个盒子在父级盒子中以标准文档流的方式呈现。

图6.4　没有设置定位

6.2.2　relative

relative 属性用来设置元素的相对定位，除了将 position 属性设置为 relative 之外，还需要指定一定的偏移量，水平方向使用 left 或 right 属性来指定，垂直方向使用 top 或 bottom 属性来指定。下面将第一个盒子的 position 属性值设置为 relative，并设置偏移量，代码如示例 2 所示。

示例 2

```
#first {
    background-color:#f2bb6f;
    border:1px #B55A00 dashed;
    position:relative;
```

```
    top:-20px;
    left:20px;
}
```

在浏览器中查看页面效果，如图 6.5 所示，第一个盒子的新位置与原来的位置相比，向上和向右均移动了 20px。也就是说，"top:-20px"的作用是使新位置在原来位置的基础上向上移动 20px，"left:20px"的作用是使新位置在原来位置的基础上向右移动 20px。

这里用到了 top 和 left 两个 CSS 属性，前面提过在 CSS 中一共有四个属性可配合 position 属性来进行定位。这四个属性只有当 position 属性设置为 absolute、relative 或 fixed 时才有效，并且 position 属性取值不同时，它们的含义也是不同的。top、right、bottom 和 left 这四个属性除了可以设置为像素值，还可以设置为百分数。

left、top 可以取正值也可以取负值，left 设置为正值，元素向右移动，top 设置为正值，元素向下移动，而不是向上移动，这点可能和数学里的坐标方向有些不同，一定要特别注意 top 取值的方向，具体可以参考图 6.6。同理，right 设置为正值，元素向左移动，bottom 设置为正值，元素向上移动；设置为负值则往相反的方向移动。

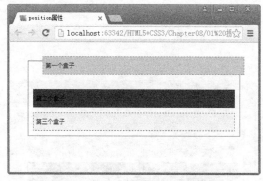

图6.5 第一个盒子向上向右偏移

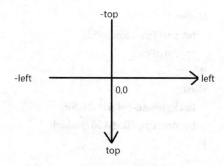

图6.6 left和top正负取值的方向

从图 6.5 中可以看到第一个盒子的宽度依然是未移动前的宽度，只是向上、向右移动了一定的距离。虽然它移出了父级盒子，但是父级盒子并没有因为它的移动而受到任何影响，依然在原来的位置。同样地，第二个、第三个盒子也没有因为第一个盒子的移动而有任何改变，它们的宽度、样式、位置都没有改变。

上面的例子是第一个盒子设置了相对定位后，对其他盒子没有影响，如果有两个盒子设置了相对定位，对其他盒子会有影响吗？它们相互之间会有影响吗？下面使用相对定位设置第三个盒子，代码如下所示。

```
#third {
    background-color:#f3f3f3;
    border:1px #395E4F dashed;
    position:relative;
    right:20px;
    bottom:30px;
}
```

在浏览器中查看页面效果如图 6.7 所示，第三个盒子的新位置与原来的位置相比，向上和向左分别移动了 30px、20px。也就是说，"right:20px" 的作用是使新位置在原来位置的基础上向左移动 20px，"bottom:30px" 的作用是使新位置在原来位置的基础上向上移动 30px。

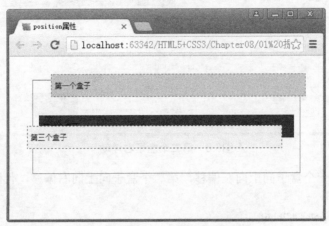

图6.7　第三个盒子向上向左偏移

从图 6.7 中可以看到第三个盒子设置相对定位后，向左、向上移动了一定的距离，但是自身的宽度并没有改变，同时它的父级盒子、第一个和第二个盒子也没有因为它的移动而有任何改变。至此可以总结出设置了相对定位元素的规律。

（1）设置相对定位的盒子会相对它原来的位置，通过指定偏移到达新的位置。

（2）设置相对定位的盒子仍在标准文档流中，它对父级盒子和相邻的盒子都没有任何影响。

（3）设置相对定位的盒子原来的位置会被保留下来。

需要指出的是，上面的例子都是针对标准文档流方式进行的。实际上，对浮动的盒子使用相对定位也是一样的。

为了验证上述说法，以示例 1 的网页代码为基础设置第二个盒子右浮动，关键代码如示例 3 所示。

示例 3

```
#first {
    background-color:#f2bb6f;
    border:1px #B55A00 dashed;
}
#second {
    background-color:#003580;
    border:1px #0000A8 dashed;
    float:right;
}
#third {
    background-color:#f3f3f3;
```

```
    border:1px #395E4F dashed;
}
```

在浏览器中查看页面效果，如图 6.8 所示。

图6.8　第二个盒子右浮动

现在设置第一个盒子向上向左偏移，第二个盒子向上向右偏移，代码如下所示。

```
#first {
    background-color:#f2bb6f;
    border:1px #B55A00 dashed;
    position:relative;
    right:20px;
    bottom:20px;
}
#second {
    background-color: #003580;
    border:1px #0000A8 dashed;
    float:right;
    position:relative;
    left:20px;
    top:-20px;
}
```

static和relative
属性

在浏览器中查看页面效果，如图 6.9 所示，第一个盒子向上向左各偏移 20px，第二个盒子向上向右各偏移 20px。

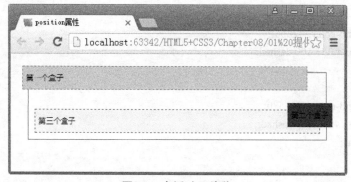

图6.9　在浮动下偏移

从图 6.9 中可以看到，第一个盒子没有设置浮动，它的偏移对父级盒子和相邻两个盒子都没有影响，第二个盒子设置了浮动，它的偏移依然对父级盒子和相邻盒子没有影响。由此可以得出一个结论，设置了 position 属性的网页元素，无论是在标准文档流中还是在浮动时，都不会对它的父级元素和相邻元素有任何影响，只针对自身原来的位置进行偏移。

6.2.3　absolute

了解了相对定位以后，下面开始分析 absolute 定位方式，它表示绝对定位。通过上面的学习，了解到设置 position 属性时，需要配合 top、right、bottom、left 四个属性来实现元素的偏移，而其中的核心问题就是以什么作为偏移的基准。

相对定位是以盒子本身在标准文档流中的位置或者浮动时原本的位置为偏移基准的，那么绝对定位又以什么作为偏移基准呢？

下面还是以示例 1 的网页代码为基础，通过一个个例子来讲解绝对定位在页面中的用法。设置<body>和内嵌的三个<div>外边距均为 0px，关键代码如示例 4 所示。

示例 4

```
body{margin:0px;}
div {
    padding:5px;
    font-size:12px;
    line-height:25px;
}
#father {
    border:1px #666 solid;
    margin:10px;
}
#first {
    background-color:#f2bb6f;
    border:1px #B55A00 dashed;
}
#second {
    background-color:#003580;
    border:1px #0000A8 dashed;
}
#third {
    background-color:#f3f3f3;
    border:1px #395E4F dashed;
}
```

在浏览器中查看页面效果，如图 6.10 所示，内嵌的三个盒子以标准文档流的方式排列。

现在使用绝对定位来改变盒子的位置，将第二个盒子设置为绝对定位，代码如下所示。

```
#second {
    background-color:#003580;
    border:1px #0000A8 dashed;
    position:absolute;
    top:0px;
    right:0px;
}
```

这里将第二个盒子的定位方式从默认的 static 改为 absolute，在浏览器中查看页面效果，如图 6.11 所示。从图中可以看到，第二个盒子彻底脱离了标准文档流，它的宽度也变为仅能容纳里面的文本宽度，并且以浏览器窗口作为基准显示在浏览器的右上角，此时第三个盒子紧贴第一个盒子，就好像第二个盒子不存在一样。

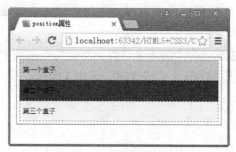

图6.10　未设置绝对定位

图6.11　设置第二个盒子绝对定位

现在修改上述代码，改变第二个盒子的偏移位置，代码如下所示。

```
#second {
    background-color:#003580;
    border:1px #0000A8 dashed;
    position:absolute;
    top:30px;
    right:30px;
}
```

在浏览器中查看页面效果，如图 6.12 所示，可以看到第二个盒子依然以浏览器窗口为基准，从右上角开始向下和向左各移动 30px。

看到这里，疑问出现了，是不是所有的绝对定位都以浏览器窗口为基准呢？当然不是。接下来对父级盒子 father 的代码进行修改，增加一个定位样式，修改后的关键代码如下所示。

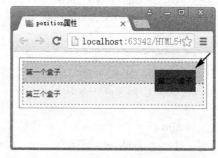

图6.12　改变第二个盒子的偏移量

```
#father {
    border:1px #666 solid;
    margin:10px;
    position:relative;
}
```

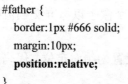

```
#second {
    background-color:#CCF;
    border:1px #0000A8 dashed;
    position:absolute;
    top:30px;
    right:30px;
}
```

此时在浏览器中查看页面效果，如图 6.13 所示。第二个盒子偏移的距离没有发生变化，但是偏移的基准不再是浏览器窗口，而是它的父级盒子 father。

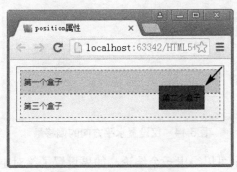

图6.13　设置父级元素定位

到了这里，对于绝对定位可以得出如下结论。

（1）使用了绝对定位的元素（第二个盒子）以它最近的一个"已经定位"的"祖先"元素（#father）为基准进行偏移。如果没有已经定位的祖先元素，那么会以浏览器窗口为基准进行偏移。

（2）绝对定位的元素（第二个盒子）从标准文档流中脱离，这意味着它对其他元素（第一个、第三个盒子）的定位均不会造成影响。

上述第一条结论中有两个带引号的定语，需要解释一下。

➤ "已经定位"元素：position 属性被设置为除 static 之外的任意一种方式，那么该元素被定义为"已经定位"的元素。

➤ "祖先"元素：从标准文档流的任意节点开始走到根节点，经过的所有节点都是它的祖先，其中直接上级节点是它的父节点，以此类推。

回到实际的例子中，在父级<div>没有设置 position 属性时，第二个盒子的所有"祖先"都不符合"已经定位"的要求，因此它会以浏览器窗口为基准来定位。而当父级<div>将 position 属性设置为 relative 以后，就符合"已经定位"的要求了，并且满足"最近"的要求，因此就会以父级<div>为基准进行定位了。

到了这里，绝对定位已经介绍清楚。但对于绝对定位，还有一个特殊的性质需要介绍，那就是在设置元素的绝对定位时可以只设置一个方向的偏移量。下面就修改上述代码，仅设置第二个盒子在水平方向上的偏移量，代码如下所示。

```
#second {
    background-color:#CCF;
```

```
    border:1px #0000A8 dashed;
    position:absolute;
    right:30px;
}
```

在浏览器中查看页面效果，如图 6.14 所示，由于没有在垂直方向上设置偏移量，因此在垂直方向上它仍保持在原来的位置，仅在水平方向上向左偏移，距离父级右边框 30px。

图6.14　仅设置水平方向的偏移量

通过上述的例子演示可以得出一个结论，如果设置了绝对定位而没有设置偏移量，那么它将保持在原来的位置。这个性质在网页制作中可以用于需要使某个元素脱离标准文档流，而仍然希望它保持在原来位置的情况。

6.2.4　fixed

position 属性的第四个取值是 fixed，即固定定位。它与绝对定位有些类似，区别在于定位的基准不是祖先元素，而是浏览器窗口。除此之外它们还有一个区别，具体内容如示例 5 所示。

示例 5
......
```
<style>
        div:nth-of-type(1) {   /*第一个 div 设置绝对定位*/
            width: 100px;
            height: 100px;
            background: red;
            position: absolute;
            right: 0;
            bottom: 0;
        }
        div:nth-of-type(2) {   /*第二个 div 设置固定定位*/
            width: 50px;
            height: 50px;
            background: yellow;
            position: fixed;
            right: 0;
```

```
        bottom: 0;
    }
</style>
</head>
<body>
    <div>div1</div>
    <div>div2</div>
</body>
</html>
```

在浏览器中的显示效果如图 6.15 所示。

可以看出 div1 设置了绝对定位，div2 设置了固定定位，但是它们的偏移量都是一样的，都是距离右边 0px，距离下边 0px。由于绝对定位没有设置定位父级，它会以浏览器窗口为基准进行定位，这点和固定定位一样，因此它们都定位到浏览器的右下方。

可是实际开发的网页有可能不只一屏，需要滑动滚动条才能看到其他的网页内容，下面我们就模拟这样的场景，具体代码如下：

```
body{
    height: 1000px;
}
```

给 body 添加高度，页面中就会出现滚动条，这时页面会如何显示呢？还是看图 6.16。

图6.15　同时设置absolute和fixed

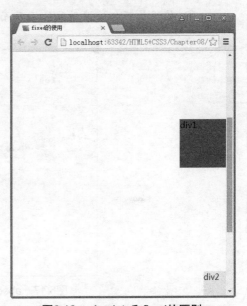

图6.16　absolute和fixed的区别

从图 6.16 中可以看出，absolute 如果是以浏览器作为定位基准，它的偏移量值是在一屏内的，一旦超出一屏的高度它的位置就会随着浏览器窗口的滚动而移动，而 fixed 的偏移量是固定的，和页面的高度无关，定位到哪个位置就一直在那里，不会随着浏览器窗口的滚动而移动。

absolute和fixed
属性

> ✓ **小结**

➢ 相对定位的特性：

① 相对于自己的初始位置来定位；

② 元素位置发生偏移后，它原来的位置会被保留下来；

③ 层级提高，可以把标准文档流中的元素及浮动元素盖在下边。

➢ 相对定位的使用场景：

相对定位一般情况下很少单独使用，都是配合绝对定位使用，为绝对定位创造定位父级而又不用设置偏移量。

➢ 绝对定位的特性：

① 相对于它的定位父级的位置来定位，如图 6.17 所示，如果没有设置定位父级，就一直往上找（可以是父级的父级），都没有就相对于浏览器窗口来定位；

② 元素位置发生偏移后，它原来的位置不会被保留下来；

③ 层级提高，可以把标准文档流中的元素及浮动元素盖在下边；

④ 设置绝对定位的元素脱离标准文档流。

➢ 固定定位的特性：

① 相对浏览器窗口来定位；

② 偏移量不会随滚动条的滚动而移动。

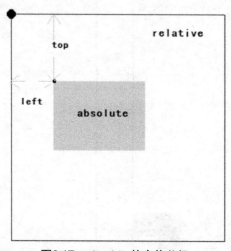

图6.17　absolute的定位父级

6.2.5　上机训练

上机练习 1——制作花样链接卡页面

需求说明

制作如图 6.18 所示的花样链接卡页面，要求如下。

（1）使用<div>和超链接标签<a>布局页面。

（2）每个超链接的宽度和高度都是 100px，背景颜色是粉色，鼠标移上去时变为蓝色。

（3）使用相对定位改变每个超链接的位置，最终效果如图 6.18 所示。

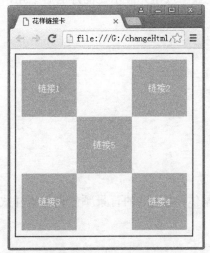

图6.18　花样链接卡页面

上机练习 2——制作带按钮的图片横幅广告

训练要点

➢ 使用 background-color 设置背景颜色。

➢ 使用 border 设置边框样式。

➢ 使用 position 定位网页元素。

➢ 使用无序列表布局页面内容。

需求说明

制作如图 6.19 所示的带按钮的图片横幅广告页面，要求如下。

（1）使用 background-color 设置数字按钮背景颜色为白色。

（2）使用 border 设置数字按钮边框样式为 1px 的灰色实线。

（3）数字按钮显示在图片的右下角。

（4）使用无序列表排版数字按钮。

实现思路及关键代码

（1）使用<div>整体布局页面，使用无序列表排版数字按钮，关键代码如下所示。

图6.19　带按钮的图片横幅广告效果

```
<div id="adverImg"><img src="image/adver-01.jpg" alt="夏日商品促销" />
   <div id="number">
   <ul>
      <li>1</li>
      ……
```

```
        </ul>
    </div>
</div>
```

（2）使用 position 设置数字按钮并显示在图片的右下角，关键代码如下所示。

```
#adverImg {
    width:430px;
    height:130px;
    position:relative;
    }
#number {
    position:absolute;
    right:5px;
    bottom:2px;
}
```

（3）使用后代选择器整体设置<li>的背景颜色、边框样式和数字边框之间的距离，关键代码如下所示。

```
#number li {
    float:left;
    margin-right:5px;
    width:20px;
    height:20px;
    border:1px #666 solid;
    text-align:center;
    line-height:20px;
    font-size:12px;
    list-style-type:none;
    background-color:#FFF;
}
```

上机练习 3——制作奖多多安全购彩页面

需求说明

制作如图 6.20 所示的奖多多安全购彩页面，要求如下。

（1）页面宽度是 1012px，居中显示。

（2）页面中的内容可以使用<img>标签布局，把图片定位到如图 6.20 所示的位置上。

（3）"1 元秒杀"广告使用绝对定位并依据中间内容定位，往左边偏移 250px，距离上边 200px。

（4）二维码广告使用绝对定位并依据中间内容定位，往右边偏移 250px，距离上边 200px。

（5）"在线客服"使用固定定位并依据中间内容定位，距离右边 0px，距离上边 330px。

（6）"手机购彩随时查看开奖"使用固定定位并依据中间内容定位，距离右边 0px，距离下边 0px。

图6.20　奖多多安全购彩页面

任务 3　z-index 属性在网页中的应用

6.3.1　z-index 属性的应用

在 CSS 中，z-index 属性用于调整元素定位时层的上下位置。上面例子中第二个盒子压住了第三个盒子，就可以通过 z-index 属性改变它们的位置关系。

z-index 属性在立体空间中表示垂直于页面方向的 Z 轴。取值为整数，可以是正数，也可以是负数，默认值为 0。当元素设置了 position 属性时，z-index 属性可以设置各元素之间的层叠关系。z-index 值大的层位于值小的层上方，如图 6.21 所示。当两个层的 z-index 值一样时，将保持原有的层叠关系。

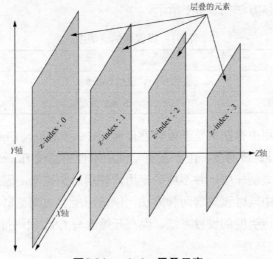

图6.21　z-index层叠示意

z-index 属性在网页中比较常用，如图 6.22 所示的页面中，图片上面的半透明层和文本层就使用了 z-index 属性。

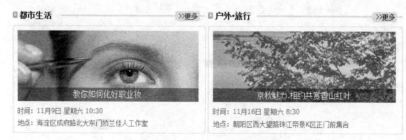

图6.22　z-index属性应用

下面通过制作图 6.22 所示页面中右侧下部的内容来演示 z-index 属性的应用。首先把所有内容放在一个 id 为 content 的<div>中，页面中的图片、文本层、透明层使用无序列表排版，HTML 代码如示例 6 所示。

示例 6

```
......
<div id="content">
  <ul>
    <li><img src="image/maple.jpg"　alt="香山红叶" /></li>
    <li class="tipText">京秋魅力&#8226;相约共赏香山红叶</li>
    <li class="tipBg"></li>
    <li>时间：11 月 16 日 星期六 8:30</li>
    <li>地点：朝阳区西大望路珠江帝景 K 区正门前集合</li>
  </ul>
</div>
</body>
</html>
```

代码中的<li class="tipBg"></li>用来创建半透明层。在 CSS 中，有两种方式可以设置元素的透明度，具体方法如表 6-1 所示。

表 6-1　设置层的透明度

属　　性	说　　明	举　　例
opacity:x	x 值为 0～1，值越小越透明	opacity:0.4;
filter:alpha(opacity=x)	x 值为 0～100，值越小越透明	filter:alpha(opacity=40);

这两种方法在使用中存在浏览器兼容性问题，IE 9、Firefox、Chrome、Opera 和 Safari 使用属性 opacity 来设定透明度，IE 8 及更早的版本使用滤镜 filter:alpha(opacity=x)来设定透明度。在实际网页制作中，并不能确定用户使用的浏览器，因此在设定元素的透明度时，通常在样式表中同时设置这两种方法，以适应所有的浏览器。

学习了网页元素透明度的设置方法，现在开始编写 CSS 代码排版、美化页面，需要设置如下几个样式。

（1）设置外层 content 的边框样式、宽度、定位方式。

（2）由于文本层和半透明层位于图片的上方，所以需要设置它们的定位方式，以及半透明层的透明度。

（3）设置无序列表的一些样式，如文本样式等，设置完成后的 CSS 代码如下所示。

```
ul, li {    /*清除无序列表的内、外边距和列表符号*/
    padding:0px;
    margin:0px;
    list-style-type:none;
}
#content {    /*设置外层<div>的宽度、边框样式*/
    width:331px;
    overflow:hidden;
    padding:5px;
    font-size:12px;
    line-height:25px;
    border:1px #999 solid;
}
#content ul {     /*设置父级的相对定位*/
    position:relative;
}
.tipBg, .tipText {    /*设置文本层和半透明层的绝对定位、宽度、高度和向下偏移量*/
    position:absolute;
    width:331px;
    height:25px;
    top:100px;
}
.tipText {      /*设置文本样式*/
    color:#FFF;
    text-align:center;
}
.tipBg {      /*设置半透明层*/
    background:#000;
    opacity:0.5;
    filter:alpha(opacity=50);
}
```

在浏览器中查看页面效果，如图 6.23 所示，图片上方的文本非常不清楚，为什么会这样呢？

看一下 HTML 代码，半透明层<div>在文本层<div>的后面编写，文本层和半透明层都设置了绝对定位，而且都没有设置 z-index 属性，它们的默认值都为 0。当两个层的 z-index 值一样时，将保持原有的层叠关系，因此半透明层覆盖到了文本层的上方。

现在不改变 HTML 代码，仅通过 CSS 将文本层设置到半透明层的上方，这时就需要用到 z-index 属性了。修改文本层样式，增加 z-index 属性，代码如下所示。

```
.tipText {
    color:#FFF;
    text-align:center;
    z-index:1;
}
```

在浏览器中查看页面效果，如图 6.24 所示，文本清晰地显示在透明层的上方了。

图6.23　没有设置属性z-index

图6.24　设置属性z-index

由此可以知道，网页中的元素都含有两个堆叠层级，一个是未设置绝对定位时所处的环境，这时所有层的 z-index 属性值总是 0，如同页面中的图片层、下方文本层；另一个是设置绝对定位时所处的环境，这时的位置由 z-index 属性来指定，如同页面中的透明层和其上方的文本层，z-index 值大的层覆盖值小的层。如果需要设置绝对定位的层在没有设置绝对定位的层下方，只需要设置绝对定位的层的 z-index 属性值为负值即可。

6.3.2　上机训练

上机练习4——制作当当图书榜页面

需求说明

制作如图 6.25 所示的当当网图书榜页面，要求如下。

（1）页面右上角的"3 折疯抢"图片使用定位。

（2）页面导航菜单字体颜色为白色，鼠标移至菜单上时出现下划线。

（3）页面中的英文字体为 Verdana，中文字体为宋体，字体大小为 12px。

（4）"图书畅销榜"图片使用 position 定位方式实现，图书列表中的"1""2""3"数字图片也使用 position 定位方式实现。

（5）图书列表中的图片与文本混排使用定义列表方式实现。

图6.25 当当图书榜页面

➜本章作业

一、选择题

1. 在下列选项中，（   ）不是 position 属性的可能值。

    A. top   B. fixed

    C. satic   D. relative

2. 在 CSS 中，下面的（   ）可以设置元素相对定位。

    A. position:fixed;

    B. position:absolute;

    C. position:relative;

    D. position:static;

3. 在 CSS 中，关于 z-index 属性的说法错误的是（   ）。

    A. 盒子中的元素都含有两个堆叠层级

    B. z-index 属性值的堆叠顺序是正数值>0>负数值

    C. 当 z-index 属性的取值为负数时，所在层级的元素浮在页面之上

    D. z-index 属性仅能在定位元素上起作用

4. 在 CSS 中，position 属性的默认值是（   ）。

    A. fixed   B. absolute

C. static   D. relative

5. 在网页中有如下一段 HTML 代码，如果要使文本显示在图片上方，下列语句正确的是（   ）。（选择两项）

```
<div id="father">
    <img src="image/photo.jpg" alt="日用品" />
    <div class="text">定位盒子……</div>
</div>
```

A. img{position:absolute; z-index:1;}

B. img{position:absolute;}

C. .text {position:absolute; }

D. text {position:absolute; top:0px;}

二、简答题

1. position 属性有哪些属性值？它们在定位元素时，分别有什么特点？

2. z-index 属性在网页定位中有什么作用？

3. 制作如图 6.26 所示的美食今日推荐页面，要求如下。

➤ 使用 div 标签和无序列表等布局页面。

➤ 使用 float 属性排版美食图片和文字列表。

➤ 使用 position 属性定位元素"省 20%"。

图6.26   美食今日推荐页面

4. 制作如图 6.27 所示的京东轮播图页面，要求如下。

➤ 使用<div>和 float 属性相结合的方式布局页面。

➤ 图片上的数字使用无序列表布局，圆形背景使用 border-radius 实现。

➢ 使用绝对定位把数字定位到图片上，具体位置参考图 6.27。

图6.27　京东轮播图页面

5．制作如图 6.28 所示的简略版新东方顶部导航菜单页面，要求如下。

➢ 使用<div>分块顶部导航模块。

➢ 使用无序列表制作下拉菜单。

➢ 使用 position 属性定位下拉菜单。

➢ 使用背景属性美化网页元素。

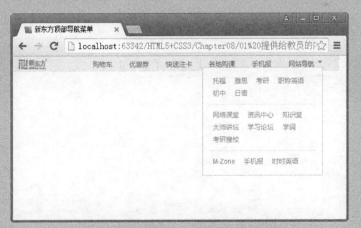

图6.28　简略版新东方顶部导航菜单页面

6．制作如图 6.29 所示的商品列表页面，要求如下。

➢ 使用定义列表布局页面。

➢ 使用 position 属性给第二个商品加上"限时抢"图标。

图6.29　商品列表页面

作业答案

第 7 章

项目实战——制作 1 号店首页

本章任务

任务1：1号店项目概述
任务2：网站的开发流程
任务3：制作 1 号店首页的步骤

技能目标

❖ 理解网站开发流程及网页布局
❖ 掌握使用 HTML+CSS 制作电商网站的方法

本章知识梳理

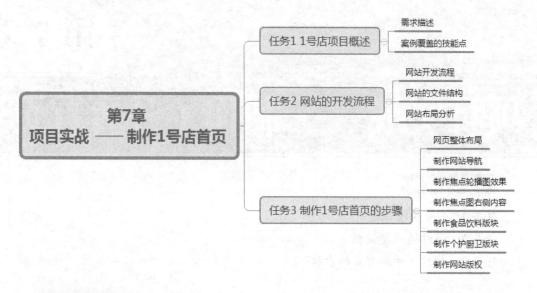

本章简介

本章以商业购物网站 1 号店为案例，综合运用前面各章所学知识，使用 HTML 编辑网页，使用 CSS 布局并美化 1 号店的首页。

预习作业

1. 简答题

（1）网站开发流程有哪几步？分别是什么？

（2）常见的网页结构有哪些？

2. 编码题

回顾与运用前面各章所学知识，搭建 1 号店首页结构。

任务1 1号店项目概述

7.1.1 需求概述

随着电子商务的蓬勃发展，越来越多的人加入到网购的行列，足不出户购尽天下物，已经成为很多人的日常生活组成部分，在屏幕前轻点鼠标就能体验全球购物，各种网上商城更是层出不穷。

1 号店是知名的大型综合电子商务网站，有数以百万的商品在线热销。本任务就在 1 号店网站的基础上，挑选首页页面来练习，如图 7.1 所示。

图7.1　1号店首页

7.1.2　技能要点

（1）使用 HTML+CSS 布局并制作页面。

（2）使用列表制作导航内容。

（3）使用定位技术排版网页内容。

任务2 网站的开发流程

7.2.1 网站开发流程

每个网站千差万别，具体的开发细节也各有不同，但是创建一个网站的基本流程是不可缺少的，特别是对于比较复杂、大型的网站而言，遵循流程更加必要。

网站开发过程中主要涉及三类角色：程序开发人员，前端开发人员和客户（客户是提需求的角色）。网站开发的大致流程如下：

步骤1：项目需求讨论

接到项目后首先召开项目开发讨论会，类似一个需求会，讨论网站开发的目的、需要的栏目、开发的方向、文字内容和图片等。项目需求讨论往往会贯穿整个开发过程。

步骤2：项目初步框架设计

程序开发人员和设计师具体讨论网站的整体制作架构，例如需要哪些技术，涉及哪些前台实现（页面开发部分）和后台实现（数据交换部分）等。

步骤3：项目计划

项目大概工作量和所需时间，拟定项目计划书供客户了解，不断地进行项目需求讨论。

步骤4：项目设计

设计师开始最基本的设计工作，如主页和主要分页面。客户对设计稿提出建议，设计师与客户反复沟通，最后确定项目设计稿。

步骤5：网页的设计开发

设计稿经客户同意，前端开发人员开始进行站点中每个页面的布局和设计。再一次让客户反馈意见，直至得到最后的确认。与此同时，负责后台开发的工作人员也开始工作。

步骤6：交付上线运行

项目交付客户，修改上线运行。

本任务主要涉及步骤5的工作。

7.2.2 网站的文件结构

开发一个网站，网站的文件结构是否合理是非常重要的，因此在网页制作前需要先设置网站的文件结构。通常开发一个网页需要一个总的目录结构。例如，本网站起名"1号店"，CSS样式表文件通常放在CSS文件夹中，网页中用到的图片通常放在image或images文件夹中。由于本任务只要求制作网站的首页，所以涉及的图片并不多，如果是大型的完整网站的开发，那么应用的图片就会很多，通常会在图片文件夹下再创建子目录，存放针对某个页面的图片加以区分。1 号店网站的文件结构如图 7.2 所示。

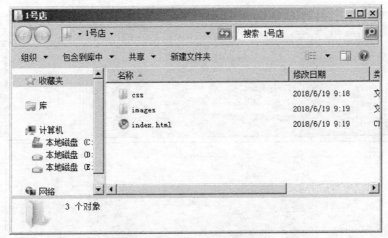

图7.2　1号店网站的文件结构

7.2.3　网页布局分析

在之前的章节中已经介绍过常见的网页布局，包括以下几种。

➢　上下结构。

➢　上中下结构。

➢　上左右下结构，即 1-2-1 结构。

➢　上左中右下结构，即 1-3-1 结构。

再来看一下 1 号店首页的布局，从图 7.1 中可以看出，这个页面主要采用了"上中下"的布局结构。

➢　上：网站导航部分。

➢　中：主体内容，包括焦点图和食品饮料、个护厨卫等商品分类。

➢　下：网站版权部分。

任务 3　制作 1 号店首页的步骤

7.3.1　网页整体布局分析

需求说明

页面的整体布局为上中下结构，每个部分的布局又可进一步细化，总体来讲，页面由上至下的布局如图 7.3 所示。

网页详细布局

Chapter

7

图7.3　网页详细布局

- 顶部导航。
- LOGO 和搜索部分。
- 菜单导航。
- 焦点图和右侧内容。
- 食品饮料版块。
- 个护厨卫版块。
- 网站版权。

技术分析

- 创建网站及网站目录。
- 创建静态页面 index.html。

- 整体 DIV 布局。
- 设置页面整体背景颜色、页面 body，去掉列表内外边距，设计字体样式等通用样式。
- 设置 LOGO 和搜索部分、菜单导航、食品饮料版块、个护厨卫版块的宽度一致、居中对齐等。
- 设置通用的样式等。
- 统一设置 padding 和 margin 值为 0。

关键代码

- 页面整体布局的关键代码如下：

```
<div>顶部导航</div>
<div>logo 和搜索部分</div>
<div>导航菜单</div>
<div>中间焦点轮播图和右侧内容</div>
<div>食品饮料和个护厨卫模块</div>
<div>网站版权</div>
```

- CSS 设置的关键代码如下：

```
*{padding:0;margin:0;}
html{color:#404040;font-size:12px;font-family:"Arial","微软雅黑";}
html,body{min-width:1200px;}
a{text-decoration:none;color:#1a66b3;}
```

7.3.2 制作网站导航

需求说明

通过观察可以知道，1 号店的导航部分主要包括顶部导航和左侧导航，如图 7.4 所示。

图7.4 顶部及左侧导航

技术分析

- 使用列表制作顶部导航。

> 使用背景样式实现导航背景与导航图标。

> 使用表单制作搜索部分。

> 使用列表制作左侧所有商品分类竖向导航。

关键代码

> 顶部导航的 HTML 关键代码如下。

```
<div class="top">
    <div class="wrap">
        <div class="top-l left">Hi，请<a href="">登录</a> / <a href="">注册</a></div>
            <ul class="top-m right">
                <li><a href="" class="menu-btn">我的 1 号店</a></li>
                <li class="line"></li>
                <li><a href="" class="menu-btn">收藏夹</a></li>
                <li class="line"></li>
                <li><a href="" class="menu-btn"><i class="top-tel left"></i>掌上 1 号店</a></li>
                <li class="line"></li>
                <li class="on">
                    <a href="" class="menu-btn">客户服务</a>
                    <ul class="topDown">
                        <li><a href="">包裹跟踪</a></li>
                        <li><a href="">常见问题</a></li>
                        <li><a href="">在线投诉</a></li>
                        <li><a href="">配送范围</a></li>
                    </ul>
                </li>
                <li class="line"></li>
                <li><a href="" class="menu-btn">网站导航</a></li>
                <li class="line"></li>
                <li><a href="">关于我们</a></li>
                <li class="line"></li>
            </ul>
            <div class="clearfix"></div>
    </div>
</div>
```

> 顶部导航的 CSS 关键代码如下。

```
.top{height:32px;background:#f9f9f9;padding-top:2px;line-height:32px;border-bottom:1px solid #f2f2f2}
.top,.top a{color:#646464;}
.top-l a{color:#06c;}
.top a:hover{color:#ff2832;}
```

7.3.3　制作焦点轮播图效果

需求说明

轮播图效果如图 7.5 所示。

图7.5　轮播图效果

技术分析

➢ 使用定位和列表相结合的方式实现。

关键代码

➢ 轮播图效果的 HTML 关键代码如下。

```
<div class="sliding-box">
    <ul class="slide">
        <li><a href=""><img src="img/banner.jpg" height="384"/></a></li>
    </ul>
    <ul class="page">
        <li class="oncurrent"></li>
        <li></li>
        <li></li>
        <li></li>
        <li></li>
    </ul>
</div>
```

➢ 轮播图效果的 CSS 关键代码如下。

.sliding-box .slide li{text-align:center;background:#e82a1e;}

.sliding-box .slide li img{vertical-align:bottom;}

.sliding-box .page{position:absolute;width:100%;text-align:center;bottom:12px;}

.sliding-box .page li{display:inline-block;width:15px;height:15px;margin:0 5px;background:#ccc; cursor:pointer;}

.sliding-box .page li.oncurrent{background:#ff3c3c;}

7.3.4　制作焦点图右侧内容

需求说明

焦点图右侧效果如图 7.6 所示。

技术分析

➢ 局部布局为上中下结构。

➢ 最上面是三个图片，直接加超链接，使用 CSS 去掉由于超链接带来的图片边框。

- 使用列表实现三条【社区】内容。
- 使用表单实现话费快充，使用<label>标签。

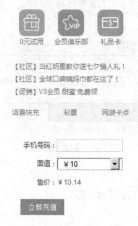

图7.6　焦点图右侧效果

7.3.5　制作食品饮料版块

需求说明

食品饮料版块效果如图 7.7 所示。

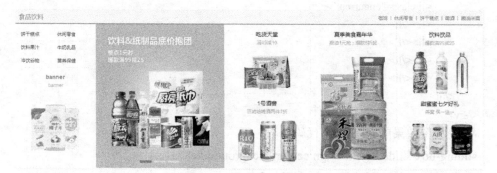

图7.7　食品饮料版块效果

技术分析

- 使用标题标签制作标题及图片说明。
- 使用定位制作按钮。
- 图片与文本的排版。

7.3.6　制作个护厨卫版块

需求说明

个护厨卫版块效果如图 7.8 所示。

个护厨卫
厨卫清洁
自营纸制品品牌团
自营美容护理
自营口腔护理
自营衣物洗护团
自营洗发护发
自营家庭清洁品牌团
自营女性护理
品质生活轻松家务

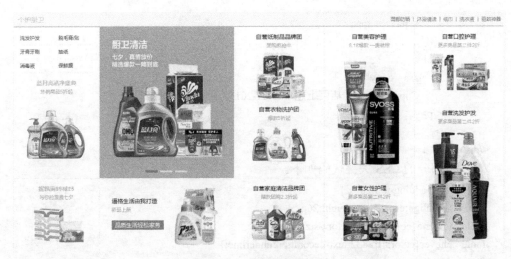

图7.8　个护厨卫版块效果

技术分析

➢ 使用标题标签制作标题及图片说明。

➢ 使用定位制作按钮。

➢ 图片与文本的排版。

7.3.7　制作网站版权

需求说明

网站底部的版权内容如图 7.9 所示。

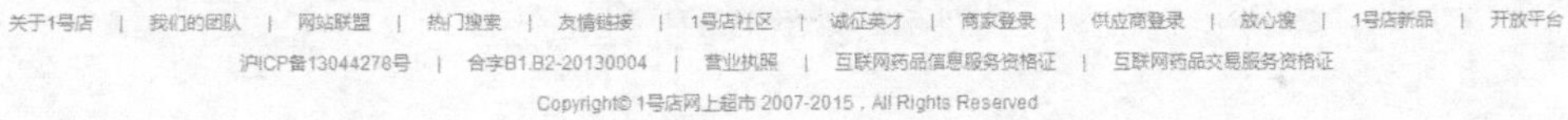

关于1号店 | 我们的团队 | 网站联盟 | 热门搜索 | 友情链接 | 1号店社区 | 诚征英才 | 商家登录 | 供应商登录 | 放心搜 | 1号店新品 | 开放平台
沪ICP备13044278号 | 合字B1.B2-20130004 | 营业执照 | 互联网药品信息服务资格证 | 互联网药品交易服务资格证
Copyright© 1号店网上超市 2007-2015，All Rights Reserved

图7.9　网站版权部分

技术分析

➢ 版权内容居中对齐，背景为白色。

➢ 文字颜色为灰色，鼠标移至超链接上时文字颜色为红色且有下划线。

关键代码

➢ 版权部分的 HTML 关键代码如下。

```
<div class="footer-box">
    <div class="footer wrap">
        <div class="foot-link">
            <a href="">关于 1 号店</a>
            <span>|</span>
            ......
        </div>
        <div class="foot-link">
            <a href="">沪 ICP 备 13044278 号</a>
```

```
            <span>|</span>
            ......
        </div>
        <p class="copy">
            Copyright©1 号店网上超市 2007-2015，All Rights Reserved
        </p>
    </div>
</div>
```

➢ 版权部分的 CSS 关键代码如下。

```
.footer-box{padding-top:20px;}
.footer{text-align:center;line-height:26px;}
.footer,.footer a{color:#8c8c8c;font-size:12px;}
.footer a:hover{color:#ff2832;text-decoration:underline;}
.footer .foot-link span{margin:0 14px;}
```

完整代码